给孩子的经典名著

游者 编著 陈希 绘

中华书局

图书在版编目(CIP)数据

天工开物:彩绘版/游者编著;陈希绘. —北京:中华书局,2025.3
(给孩子的经典名著)
ISBN 978-7-101-16441-1

Ⅰ.天… Ⅱ.①游…②陈… Ⅲ.《天工开物》-少儿读物
Ⅳ.N092-49

中国国家版本馆 CIP 数据核字(2023)第 222721 号

书　　名	天工开物(彩绘版)
编　　著	游　者
绘　　图	陈　希
丛 书 名	给孩子的经典名著
责任编辑	刘　三
封面设计	牟懿宁
责任印制	陈丽娜
出版发行	中华书局 (北京市丰台区太平桥西里 38 号　100073) http://www.zhbc.com.cn E-mail:zhbc@zhbc.com.cn
印　　刷	大厂回族自治县彩虹印刷有限公司
版　　次	2025 年 3 月第 1 版 2025 年 3 月第 1 次印刷
规　　格	开本/787×1092 毫米　1/16 印张 11½　字数 110 千字
印　　数	1-5000 册
国际书号	ISBN 978-7-101-16441-1
定　　价	69.00 元

出版说明

《天工开物》是一部充满了中国古人智慧的综合性科技著作，全书涉及的内容广泛而全面。这本书出版后，不仅在国内广受欢迎，还传到了日本、欧洲等地区，在世界范围内对科技传播和推广有很大的促进作用。

这样一部经典著作，近些年广受青少年的喜爱，越来越多的孩子开始阅读《天工开物》。然而，这本书成书久远，文字相对晦涩难懂，加上古代的一些传统手工艺现在已经不多见，孩子们阅读起来有一定的困难。为此，我们设计了这本适合青少年阅读的《天工开物（彩绘版）》。《天工开物（彩绘版）》具有以下几个特点：

一、既体现原著卷目，又重新编排成适合青少年阅读的体例

《天工开物（彩绘版）》从原著的十八卷中精选了和日常生活联系紧密的内容，经过分类整合，归为“食物诞生记”“衣服是怎么做出来的”“房屋的秘密”“如何把木头变成船和车”“神奇的工艺”和“兵器制作大揭秘”六章。每章精选自原著中不同卷次的内容，如“食物诞生记”这一章选自原著第一卷《乃粒》、第四卷《粹精》、第五卷《作咸》、第六卷《甘嗜》、第十二卷《膏液》和第十七卷《曲糵》；“衣服是怎么做出来的”这一章选自第二卷《乃服》和第三卷《彰施》，等等。

每章下分为若干节，如“食物诞生记”下分为“水稻的种植和加工”“麦子的种植和加工”“认识黍稷和粱粟”“盐是从哪里来的”“糖是如何制作的”“食用油是如何制取的”“酒曲的制作方法”等节。

为了将内容呈现得更加清晰有条理，对每节内容又进行了提炼和细分，如讲解水稻时，分为了“水稻的种类”“水稻最怕旱”“勤施肥，长得好”“水稻变大米”等几个部分。

二、提炼主线，精选原文

以最精简的文字，将重点内容和基本工艺流程讲述清楚。本书的原文部分不是原著的转录，而是视内容进行精选：有时相对完整地采用原著的某一小节，有时则从某一小节中选取关键语句，组成连贯的内容。无论是哪种节选，都是为了让内容呈现得更集中简练，更加易读。

三、原文大字注音，诵读无障碍

《天工开物》原文有诸多生僻字，还有一些多音字和通假字，为帮助大家顺畅阅读，本书采用大字注音的形式。书中通假字注音时注本字的音，如“傍”作“旁边”的意思时，注为páng；“参”作“掺和”的意思时，注为chān；“见”作“出现”的意思时，注为xiàn，等等。“一”和“不”按照汉语拼音方案变调。

四、给出“大意”，帮助理解

每一段原文的后面都给出“大意”。“大意”不是对原文逐词逐句的“翻译”，而是用通俗易懂的现代汉语将原文意思讲解清楚，或是对原文内容进行概括、梳理，帮助青少年读者更好地理解原文。

五、以《天工开物》原著原图为底本，手绘插图

为了让读者形象地了解各种科学技术、工艺流程等，本书以《天工开物》原著中的黑白线条图为底本，重新绘制彩色插图。以原图为底本，可以确保细节的准确性，改为彩绘，增加了插图美观度。原著中有些内容没有配插图，我们根据相关文字的描述，全新绘制了彩插。

六、知识拓展，古今链接

在每一节中，都配有知识拓展板块，这些板块有的介绍与原著相关的现代手工艺或科技成果，有的讲述传说与故事，有的让孩子动手做一做，有的补充博物学知识……这些内容丰富多元，古今联系，可以拓宽孩子的知识面，激发探索的兴趣。

总之，期望通过以上设计，孩子们能翻开一本专属于他们的《天工开物》，在轻松探索古代科技奥秘中收获知识与乐趣。

受能力所限，书中不免会有一些讹误差错，望读者朋友们多多指正。

目 录

食物诞生记

衣服是怎么做出来的

房屋的秘密

如何把木头变成船和车

神奇的工艺

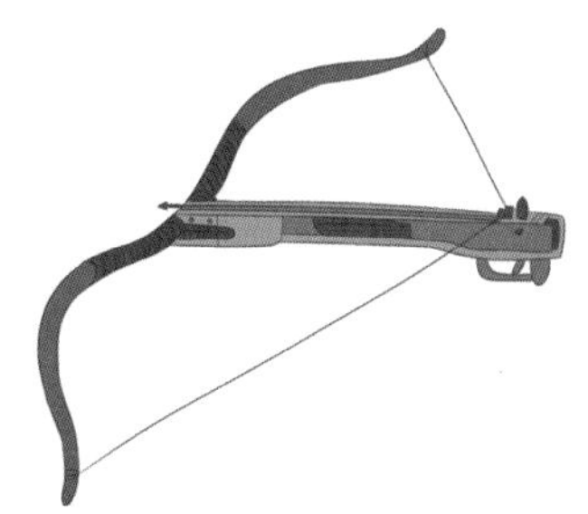

兵器制作大揭秘

附录

食物诞生记

古人云:“民以食为天。”这说明了我们和食物的重要关系——食物是我们赖以生存的基础。

如今我们资源丰富，科技发达，种植技术十分先进，大多是机械化播种，电脑监控，科学管理，联合收割。食品加工也多是在大型工厂的流水线上进行操作，批量生产，方便快捷。

但是在古代，没有现代化的机械设备，我们的先人只能靠着双手和借助自然界的力量来耕种收获。他们在千百年的实践中，积累了很多精湛的技艺，发明了许多巧妙的工具，做到了人与自然的和谐共生。

本部分主要讲述古代食物的种类和制取加工的方法，内容选自《天工开物》的《乃粒》《粹精》《作咸》《甘嗜》《膏液》和《曲糵（qū niè）》六卷中关于食物的内容，以《乃粒》一卷为主。“乃粒”一词出自《尚书·益稷（jì）》:“烝（zhēng）民乃粒，万邦作乂（yì）。”意思是，民众有了五谷作为粮食，各个邦国就能安定。

水稻的种植和加工

水稻的种类

fán dào zhǒng zuì duō bù nián zhě hé yuē jīng mǐ yuē jīng
凡稻种最多。不粘者，禾曰秔，米曰粳；
nián zhě hé yuē tú mǐ yuē nuò nán fāng wú nián shǔ jiǔ jiē nuò
粘者，禾曰稌，米曰糯。南方无粘黍，酒皆糯
mǐ suǒ wéi
米所为。

（《天工开物·乃粒》）

大意

水稻有多个品种。其中不黏（nián）的，禾叫秔稻，米叫粳米，就是我们平时吃的大米；黏的，禾叫稌稻，米叫糯米，在南方没有黏黍，会用糯米来酿酒。

fán yāng jì fēn zāi hòu zǎo zhě qī shí rì jí shōu huò zuì chí
凡秧既分栽后，早者七十日即收获，最迟
zhě lì xià jí dōng èr bǎi rì fāng shōu huò
者历夏及冬二百日方收获。

（《天工开物·乃粒》）

大意

水稻插秧以后，早熟的品种七十天就能收获了，最晚熟的品种，要经历夏天到冬天二百多天才能收获。

水稻最怕旱

凡(fán)稻(dào)防(fáng)旱(hàn)藉(jiè)水(shuǐ)，独(dú)甚(shèn)五(wǔ)谷(gǔ)。厥(jué)土(tǔ)沙(shā)、泥(ní)、硗(qiāo)、腻(nì)，随(suí)方(fāng)不(bù)一(yī)。有(yǒu)三(sān)日(rì)即(jí)干(gān)者(zhě)，有(yǒu)半(bàn)月(yuè)后(hòu)干(gān)者(zhě)。天(tiān)泽(zé)不(bú)降(jiàng)，则(zé)人(rén)力(lì)挽(wǎn)水(shuǐ)以(yǐ)济(jì)。

（《天工开物・乃粒》）

大意

水稻在五谷中最怕干旱，由于各地的土质不同，有的地方灌水后三天就干了，有的地方要半个月才干。如果天不下雨，就需要靠人力来引水灌溉。

▲ 使用筒车灌溉的原理：河边筑个堤坝挡水，使水绕流筒车下部，推动水轮旋转，把水装进水筒内，筒内的水倒入引水槽中，再流入田里。

勤施肥，长得好

qín nóng fèn tián duō fāng yǐ zhù zhī rén chù huì yí zhà yóu
勤农粪田，多方以助之。人畜秽遗、榨油

kū bǐng cǎo pí mù yè yǐ zuǒ shēng jī pǔ tiān zhī suǒ tóng yě
枯饼、草皮木叶，以佐生机，普天之所同也。

fán dào tián yì huò bú zài zhòng zhě tǔ yí běn qiū gēng kěn shǐ sù gǎo
凡稻田刈获不再种者，土宜本秋耕垦，使宿稿

huà làn dí fèn lì yí bèi
化烂，敌粪力一倍。

（《天工开物·乃粒》）

大意

勤劳的农民用多种肥料给稻田施肥，有人畜的粪便、榨了油的枯饼、草皮树叶等。如果秋天收割后不再冬种，就要在当年秋季翻耕，让稻茬腐烂在地里，这能达到多施一倍粪肥的效果。

水稻变大米

fán dào yì huò zhī hòu lí gǎo qǔ lì shù gǎo yú shǒu ér jī
凡稻刈获之后，离稿取粒。束稿于手而击

qǔ zhě bàn jù gǎo yú cháng ér yè niú gǔn shí yǐ qǔ zhě bàn
取者半，聚稿于场而曳牛滚石以取者半。

（《天工开物·粹精》）

大意

水稻收获以后要脱粒。有手握稻秆摔打和用牛拉石磙（gǔn）滚压脱粒两种方法。

fán qù bǐ nán fāng jìn yòng fēng chē shān qù běi fāng dào shǎo
凡去秕，南方尽用风车扇去。北方稻少，
yòng yáng fǎ jí yǐ yáng mài shǔ zhě yáng dào gài bú ruò fēng chē
用扬法，即以扬麦、黍者扬稻，盖不若风车
zhī biàn yě
之便也。

（《天工开物·粹精》）

大意

水稻去秕就是去除不饱满的谷粒。南方都是用风扇车扇掉秕谷。北方稻子少，用扬场的方法，扬场要在有风的时候进行，但不如风扇车方便。

◀ 风扇车

fán dào qù ké yòng lóng fán lóng yǒu èr zhǒng yī yòng mù wéi
凡稻去壳用砻，凡砻有二种：一用木为
zhī yī tǔ lóng qù mó yòng chōng yòng niǎn rán shuǐ duì zhǔ chōng
之，一土砻。去膜用舂、用碾。然水碓主舂，
zé jiān bìng lóng gōng zào gān zhī gǔ rù niǎn yì shěng lóng yě
则兼并砻功。燥干之谷入碾亦省砻也。

（《天工开物·粹精》）

大意

稻谷用砻来去壳，砻有木砻和土砻两种。水稻去皮，可以舂或碾。利用一种叫水碓的机械装置来进行舂，同时起了砻的作用。干燥的稻谷用碾加工也可以不用砻。

▲ 木砻

▲ 土砻

▼ 水碓

古今连连看

“当代神农氏”袁隆平

20世纪六七十年代，中国大多数地方闹饥荒，很多人忍饥挨饿。因此，提高农作物产量，解决人们吃饭问题成了头等大事。袁隆平接受上级任务，尝试培养出高产水稻。有一天，袁隆平在试验田里发现了一株高高的水稻，稻穗又大又饱满，数了数，籽粒足足有230粒。袁隆平喜出望外：“用它来当种子，亩产一定能超过千斤！”然而，大水稻的秧苗种下去，产量却极低。袁隆平蹲在地头苦思冥想，终于有了新的想法：大水稻是天然杂交水稻，如果能人工杂交，说不定产量会提高。

当时，西方人普遍认为水稻不能杂交，可是袁隆平不信，他一头扎进实验室，没日没夜地查资料、做实验。经过无数次失败和探索，终于研制出高产的人工杂交水稻。水稻的平均亩产从几百斤增加到一千多斤，这不仅解决了中国人缺粮的问题，也为世界上缺粮的国家提供了帮助。

麦子的种植和加工

麦子的种类

凡麦有数种。小麦曰来，麦之长也；大麦曰牟、曰穬；杂麦曰雀、曰荞，皆以播种同时、花形相似、粉食同功而得麦名也。

fán mài yǒu shù zhǒng xiǎo mài yuē lái mài zhī zhǎng yě dà mài yuē móu yuē kuàng zá mài yuē què yuē qiáo jiē yǐ bō zhòng tóng shí huā xíng xiāng sì fěn shí tóng gōng ér dé mài míng yě

（《天工开物·乃粒》）

大意

麦子的种类很多，有小麦、大麦、杂麦等。小麦叫“来”，是麦子中主要的一种；大麦叫“牟”，或者叫“穬”；杂麦有的叫雀麦，有的叫荞麦。它们因为播种期相同，花形相似，又都是磨成粉来食用的，所以都叫“麦”。

▲ 小麦

▲ 大麦

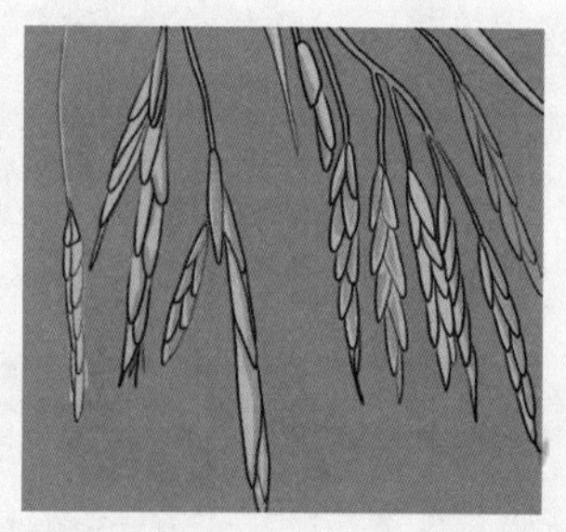

▲ 雀麦

凡北方小麦，历四时之气，自秋播种，明年初夏方收。南方者，种与收期，时日差短。

（《天工开物·乃粒》）

大意

北方的小麦，秋天的时候播种，历经秋、冬、春、夏四季，第二年初夏才收获；南方的小麦，从播种到收获，历经的时间相对短些。

勤除草

麦苗生后，耨不厌勤。余草生机尽诛锄下，则竟亩精华尽聚嘉实矣。（《天工开物·乃粒》）

大意

麦苗出土后，要经常除草。杂草除尽了，田里的养分就会供给麦子结穗。

小麦变面粉

xiǎo mài shōu huò shí shù gǎo jī qǔ rú jī dào fǎ qí qù
小麦收获时，束稿击取，如击稻法。其去

bǐ fǎ běi tǔ yòng yáng gài fēng shàn liú chuán wèi biàn shuài tǔ yě
秕法，北土用扬，盖风扇流传未遍率土也。

fán xiǎo mài jì yáng zhī hòu yǐ shuǐ táo xǐ chén gòu jìng jìn
凡小麦既扬之后，以水淘洗，尘垢净尽，

yòu fù shài gān rán hòu rù mò
又复晒干，然后入磨。

fán mài jīng mó zhī hòu jǐ fān rù luó qín zhě bú yàn chóng fù
凡麦经磨之后，几番入罗，勤者不厌重复。

luó kuāng zhī dǐ yòng sī zhī luó dì juàn wéi zhī
罗匡之底用丝织罗地绢为之。（《天工开物·粹精》）

大意

脱粒：小麦脱粒和稻谷脱粒的方法一样，手握麦秆击取。

去秕：小麦去秕和稻谷一样，北方用扬场的方法，当时风扇车还没有传遍全国。

入磨：小麦去秕后，要用水淘洗干净，晒干后入磨。

筛：面粉磨几次后，要放入罗中反复筛，让面粉更细腻。罗底是用丝织的罗地绢做的。

▶ 面罗

认识黍稷和粱粟

黍和稷

fán shǔ yǔ jì tóng lèi shǔ yǒu nián yǒu bù nián nián zhě wéi jiǔ jì yǒu jīng wú nián

凡黍与稷同类。黍有粘有不粘，粘者为酒，稷有粳无粘。（《天工开物·乃粒》）

大意

黍和稷属于同一类，黍有黏的和不黏的，黏的可以酿酒，稷只有不黏的。

粟和粱

fán sù yǔ liáng tǒng míng huáng mǐ nián sù kě wéi jiǔ ér lú sù yì zhǒng míng yuē gāo liáng zhě yǐ qí shēn gāo qī chǐ rú lú dí yě

凡粟与粱统名黄米。粘粟可为酒。而芦粟一种名曰高粱者，以其身高七尺，如芦、荻也。（《天工开物·乃粒》）

大意

粟与粱统称黄米，黏粟可以用来酿酒。有一种芦粟，名叫高粱，因为它身高有七尺，很像芦苇和荻而得名。

▶ 粟与粱

制作黄米粽子

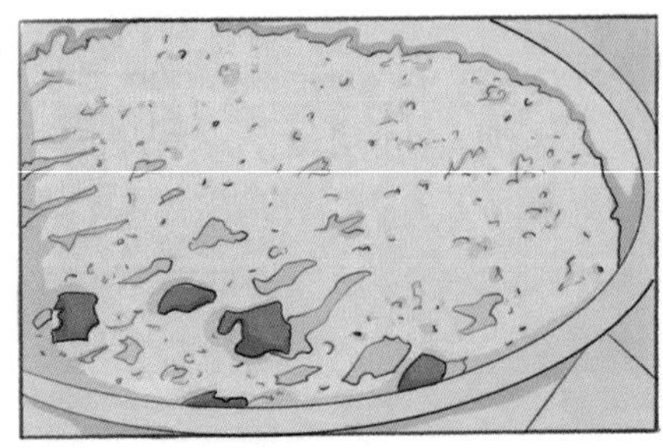

❶ 把大黄米、红枣和粽叶提前泡好。

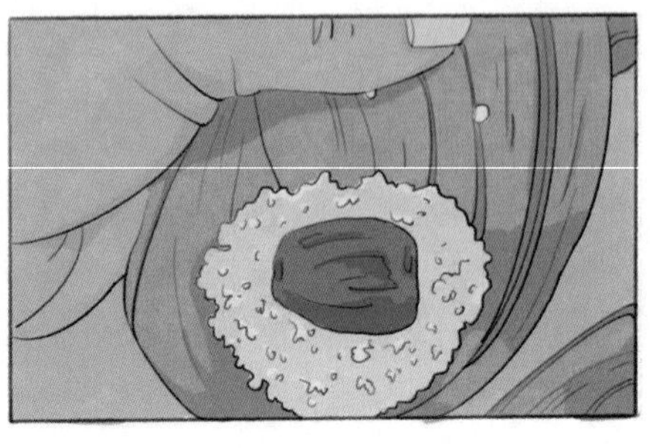

❷ 将泡好的粽叶折成圆锥形状，填进泡好的大黄米和红枣后压实。

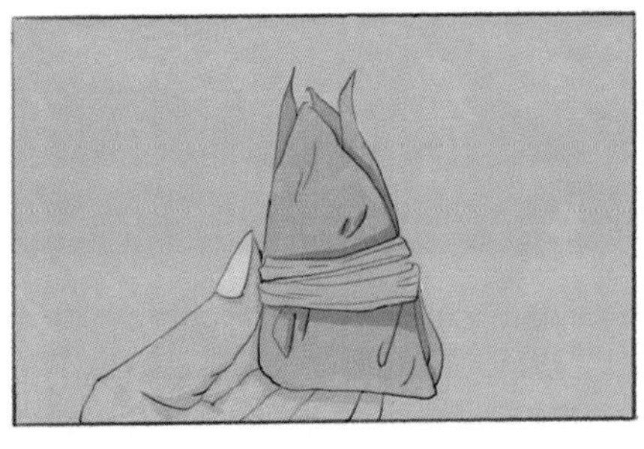

❸ 粽子包好后用马莲草将粽子绑紧。

❹ 煮好后就是美味可口的黄米粽子了。

麻类作物用途多

麻的种类

凡麻可粒可油者，惟火麻、胡麻二种。胡麻，即脂麻，相传西汉始自大宛来。

（《天工开物·乃粒》）

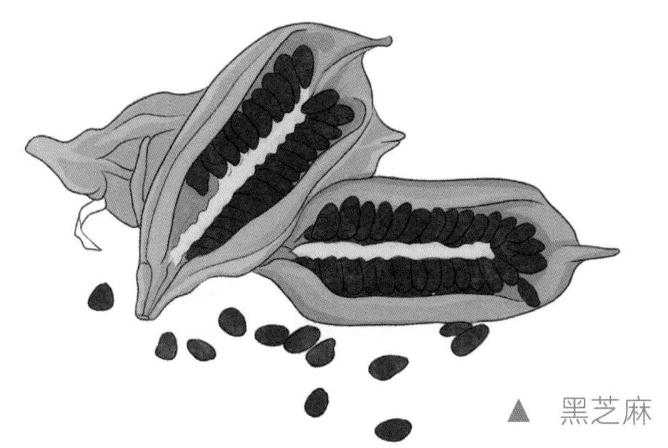

▲ 黑芝麻

大意

麻类中既可以整粒吃又可以榨油的只有大麻和胡麻，胡麻就是芝麻，据说是西汉时期从中亚的大宛国传来的。

芝麻用途多

今胡麻味美而功高，即以冠百谷不为过。胡麻数龠充肠，移时不馁。粔饵、饴饧得粘其

lì wèi gāo ér pǐn guì qí wéi yóu yě fà dé zhī ér zé fù
粒，味高而品贵。其为油也，发得之而泽，腹
dé zhī ér gāo xīng shān dé zhī ér fāng
得之而膏，腥膻得之而芳。（《天工开物·乃粒》）

大意

芝麻味道好，用途大。把它看作百谷中的第一名也不过分。芝麻只要少量吃一些就可以抵抗饥饿，放久了也不变质。糕饼、糖果上如果粘些芝麻，味道就会变得很好。头发用芝麻油来搽，能够发亮，人食用芝麻油能增加脂肪，煮食肉类加芝麻油能去腥味。

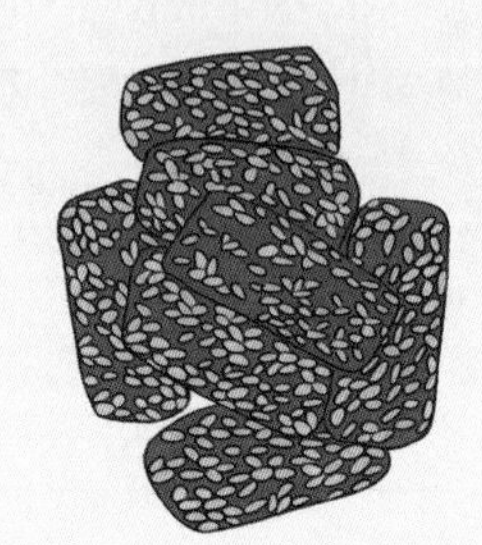

种植胡麻

zhòng hú má fǎ huò zhì qí pǔ huò lǒng tián mǔ tǔ suì cǎo
种胡麻法，或治畦圃，或垄田亩。土碎草
jìng zhī jí rán hòu yǐ dì huī wēi shī bàn yún má zǐ ér sǎ zhòng
净之极，然后以地灰微湿，拌匀麻子而撒种
zhī zǎo zhě sān yuè zhòng chí zhě bù chū dà shǔ qián zǎo zhòng zhě
之。早者三月种，迟者不出大暑前。早种者，
huā shí yì dài zhōng qiū nǎi jié
花实亦待中秋乃结。（《天工开物·乃粒》）

大意

种芝麻要起畦或者作垄，把土打碎并把草除净，然后将芝麻种子用湿草木灰拌匀再播种。早种的芝麻在三月播种，中秋前后收获。晚种的芝麻在大暑前播种。

芝麻酱

芝麻酱也叫麻酱，是用炒熟的芝麻磨碎制成的食品，味道很香。根据芝麻原料的颜色，可以分为白芝麻酱和黑芝麻酱。

在北方吃火锅经常需要麻酱，麻酱原料选用的是精制白芝麻，口感细滑，口味醇香。

黑芝麻酱

白芝麻酱

各种各样的豆类

fán shū zhǒng lèi zhī duō yǔ dào shǔ xiāng děng guǒ fù zhī
凡菽，种类之多与稻、黍相等。果腹之
gōng zài rén rì yòng gài yǔ yǐn shí xiāng zhōng shǐ
功，在人日用，盖与饮食相终始。

（《天工开物·乃粒》）

大意

菽指的是豆类。豆子种类和稻、黍一样多。作为食品，是人们日常生活中不可缺少的。

大豆

yì zhǒng dà dòu yǒu hēi huáng liǎng sè xià zhǒng bù chū qīng
一种大豆：有黑、黄两色。下种不出清
míng qián hòu fán wéi chǐ wéi jiàng wéi fǔ jiē dà dòu zhōng qǔ zhì
明前后。凡为豉、为酱、为腐，皆大豆中取质
yān
焉。

（《天工开物·乃粒》）

大意

大豆：有黑色和黄色两种，清明前后种植。制作豆豉、豆酱、豆腐等都要用大豆做原料。

绿豆

yì zhǒng lǜ dòu yuán xiǎo rú zhū fán lǜ dòu mó dèng shài gān

一种绿豆：圆小如珠。凡绿豆磨澄晒干

wéi fěn dàng piàn cuō suǒ shí jiā zhēn guì

为粉，荡片搓索，食家珍贵。（《天工开物·乃粒》）

大意

绿豆：又圆又小像颗珠子。把绿豆磨成粉浆，澄去浆水，晒干成粉，可以做成粉皮和粉条，这些都是人们很喜欢的食物。

豌豆

yì zhǒng wān dòu cǐ dòu yǒu hēi bān diǎn xíng yuán tóng lǜ dòu

一种豌豆：此豆有黑斑点，形圆同绿豆，

ér dà zé guò zhī qí zhǒng shí yuè xià lái nián wǔ yuè shōu

而大则过之。其种十月下，来年五月收。

（《天工开物·乃粒》）

大意

豌豆：有黑斑点，形状圆圆的，比绿豆大。一般十月播种，第二年五月收获。

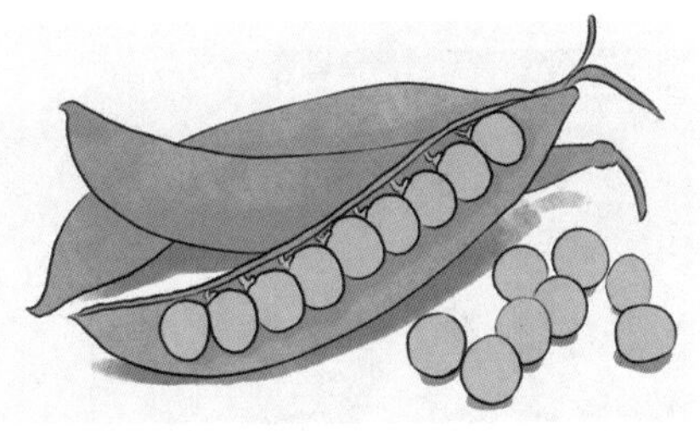

蚕豆

yì zhǒng cán dòu qí jiá sì cán xíng dòu lì dà yú dà dòu

一种蚕豆：其荚似蚕形，豆粒大于大豆。

bā yuè xià zhǒng lái nián sì yuè shōu
八月下种，来年四月收。（《天工开物·乃粒》）

大意

蚕豆：豆荚像蚕形，豆粒比大豆要大。一般八月播种，第二年四月收获。

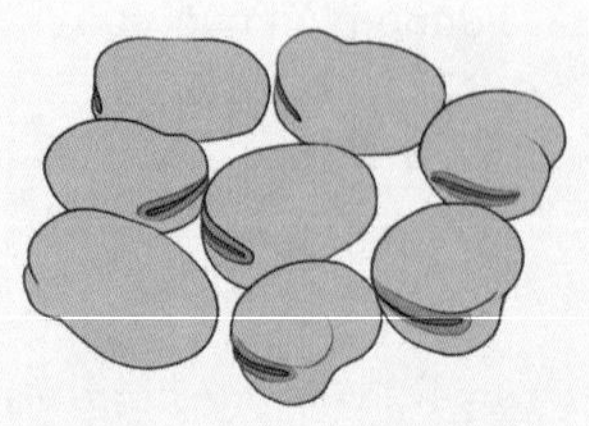

小豆

yì zhǒng xiǎo dòu chì xiǎo dòu rù yào yǒu qí gōng bái xiǎo dòu yì míng fàn dòu dāng cān zhù jiā gǔ xià zhì xià zhǒng jiǔ yuè shōu huò
一种小豆：赤小豆入药有奇功，白小豆，一名饭豆，当餐助嘉谷。夏至下种，九月收获。（《天工开物·乃粒》）

大意

小豆：分赤小豆和白小豆。赤小豆可以入药。白小豆也叫饭小豆，掺进饭里可以使饭更可口。小豆一般夏至时播种，九月收获。

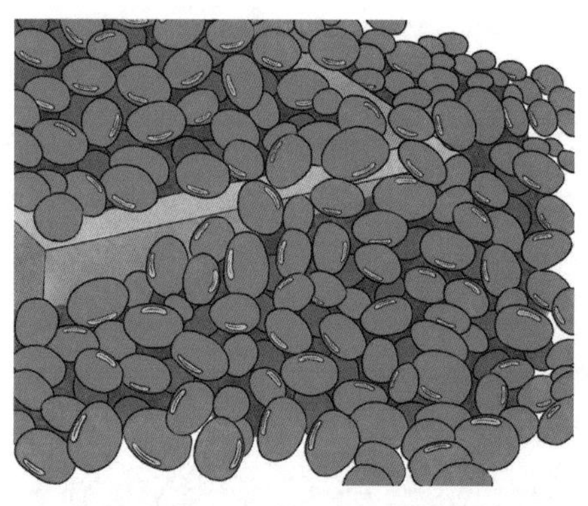

▲ 赤小豆

▲ 白小豆

怎么把黄豆变成豆腐?

豆腐是中国的传统美食，营养丰富。它是由黄豆制成的，下面我们就来了解一下豆腐是怎样制作的。

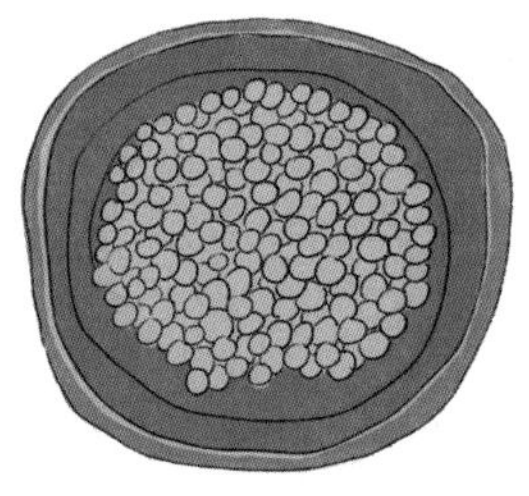

❶ 浸泡黄豆。用水浸泡黄豆，约6个小时。

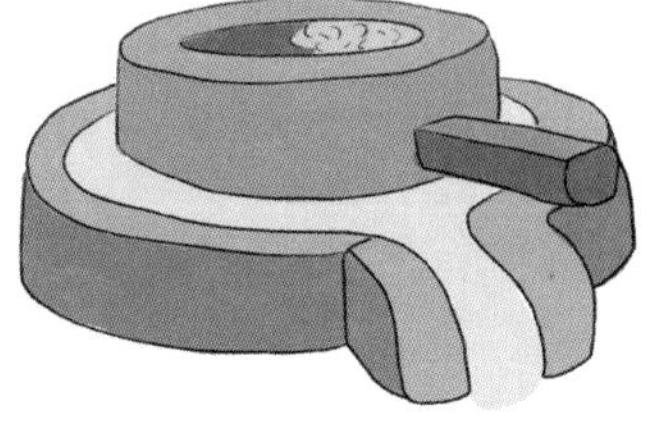

❷ 磨豆浆。用石磨将浸泡好的黄豆磨成豆浆。

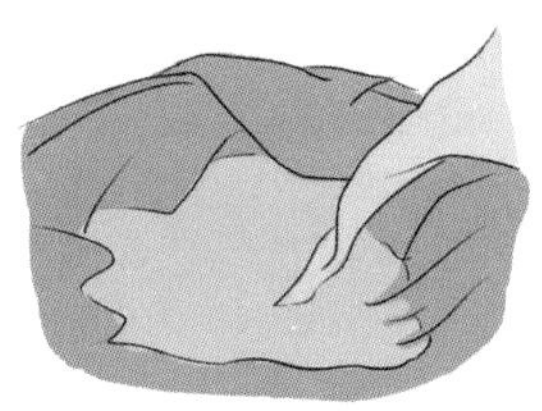

❸ 过滤。用纱布网过滤豆渣。

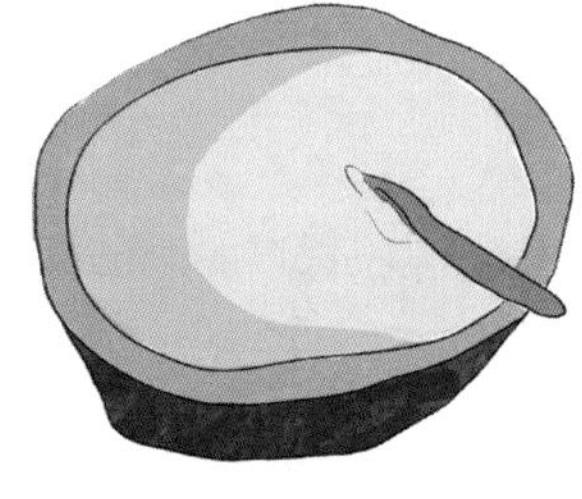

❹ 煮豆浆。用锅把过滤后的豆浆煮开，边煮边搅拌，避免煮煳。煮至生成很多泡沫。

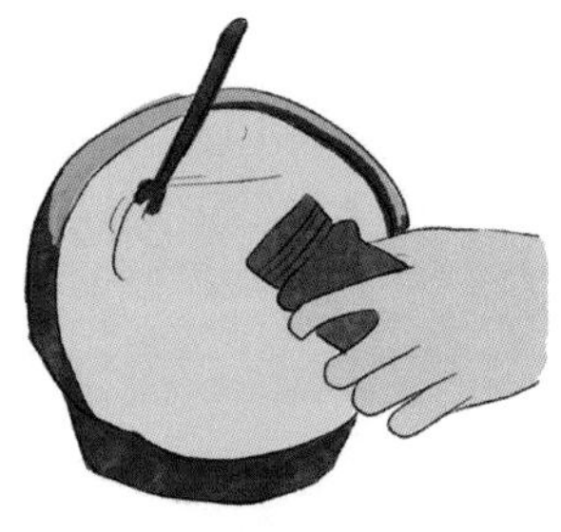

❺ 点浆。将石膏兑水溶解，放入豆浆搅拌均匀，使豆浆凝固。

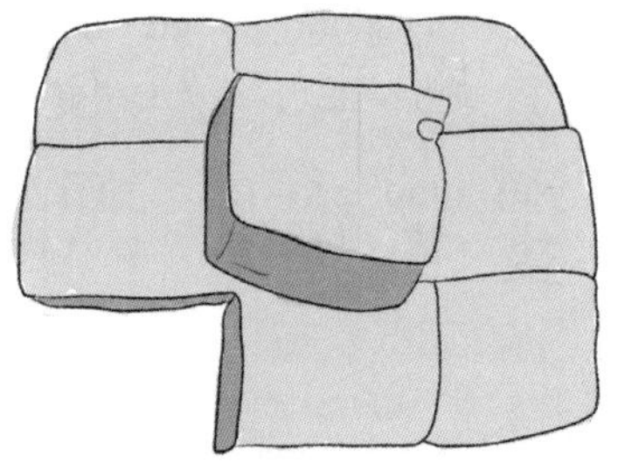

❻ 压成形。将凝固的豆浆放在四方形槽中，槽中铺大小合适的纱布。豆浆放好后用纱布包好，上面放石头等重物压好，豆浆就慢慢变成豆腐块了。

盐是从哪里来的

海盐

fán hǎi shuǐ zì jù xián zhì hǎi bīn dì gāo zhě míng cháo dūn
凡海水自具咸质，海滨地，高者名潮墩，
xià zhě míng cǎo dàng dì jiē chǎn yán
下者名草荡，地皆产盐。（《天工开物·作咸》）

大意

海水本身含有盐分。海边地势高的地方叫潮墩，地势低的地方叫草荡，都可以产盐。

制取海盐

tóng yī hǎi lǔ chuán shén ér qǔ fǎ zé yì
同一海卤传神，而取法则异。

yī fǎ gāo yàn dì cháo bō bú mò zhě dì kě zhòng yán
一法：高堰地，潮波不没者，地可种盐。
duó jié zhāo wú yǔ zé jīn rì guǎng bù dào mài gǎo huī jí lú máo huī
度诘朝无雨，则今日广布稻麦稿灰及芦茅灰
cùn xǔ yú dì shàng yā shǐ píng yún míng chén lù qì chōng téng zé
寸许于地上，压使平匀。明晨露气冲腾，则
qí xià yán máo bó fā rì zhōng qíng jì huī yán yí bìng sǎo qǐ
其下盐茅勃发。日中晴霁，灰、盐一并扫起
lín jiān
淋煎。（《天工开物·作咸》）

大意

海盐制取的方法是不一样的。有一种方法是在没有被潮水淹没的岸边高地种盐，在天晴时把稻、麦秆灰和芦、茅灰等撒在地上约一寸厚并压平，第二天早晨，盐就像草一样在灰下长出来了。过了中午，就可以将灰和盐一并扫起，拿去淋洗和煎炼。

▲ 布灰种盐

fán lín jiān fǎ kū
凡淋煎法，堀（掘，挖。全书“堀”字均为此
kēng èr gè yì qiǎn yì shēn qiǎn zhě chǐ
意，不再一一注解）坑二个，一浅一深。浅者尺
xǔ yǐ zhú mù jià lú xí yú shàng jiāng sǎo lái yán liào pū yú xí
许，以竹木架芦席于上，将扫来盐料铺于席

shàng sì wéi lóng qǐ zuò yì dī dàng xíng zhōng yǐ hǎi shuǐ guàn lín
上。四围隆起，作一堤垱形，中以海水灌淋，
shèn xià qiǎn kēng zhōng shēn zhě shēn qī bā chǐ shòu qiǎn kēng suǒ lín zhī
渗下浅坑中。深者深七八尺，受浅坑所淋之
zhī rán hòu rù guō jiān liàn huǒ rán fǔ dǐ gǔn fèi yán jí chéng yán
汁，然后入锅煎炼。火燃釜底，滚沸延及成盐。

（《天工开物·作咸》）

大意

淋煎法就是先挖两个一浅一深的坑，浅坑深一尺左右，上架芦苇席，将扫来的盐料铺在席上，四周高一些，围成堤坝形，中间用海水淋洗，卤水便渗入浅坑中，深坑有七八尺深，接受从浅坑来的卤水，然后倒入锅中，锅下烧火，卤水便滚沸而逐渐结成盐。

▼ 淋水先入浅坑

▲ 海卤煎炼

池盐

fán chí yán, yǔ nèi yǒu èr: yì chū níng xià, gōng shí biān zhèn;
凡池盐，宇内有二：一出宁夏，供食边镇；
yì chū shān xī xiè chí, gōng jìn、yù zhū jùn xiàn.
一出山西解池，供晋、豫诸郡县。

（《天工开物·作咸》）

大意

我国有两处池盐产地：一处在宁夏，供应边区食用；另一处在山西解池，供应山西、河南各地食用。

制取池盐

tǔ rén zhòng yán zhě, chí páng (同“旁”) gēng dì wéi qí
土人种盐者，池傍（同“旁”）耕地为畦
lǒng, yǐn qīng shuǐ rù suǒ gēng qí zhōng, jì zhuó shuǐ, chān (同“掺”)
陇，引清水入所耕畦中，忌浊水，参（同“掺”）
rù jí yū diàn yán mài. fán yǐn shuǐ zhòng yán, chūn jiān jí wéi zhī,
入即淤淀盐脉。凡引水种盐，春间即为之，
jiǔ zé shuǐ chéng chì sè. dài xià qiū zhī jiāo, nán fēng dà qǐ, zé
久则水成赤色。待夏秋之交，南风大起，则
yì xiāo jié chéng, míng yuē kē yán, jí gǔ zhì suǒ wèi dà yán yě.
一宵结成，名曰颗盐，即古志所谓大盐也。

（《天工开物·作咸》）

大意

种盐的人在池边犁地成畦，引入清水，不能有浑水，否则会堵塞盐脉。引水种盐要在春季，迟了水会变成红色。等到夏秋之交开始吹南风，一夜之间就能结成盐，这种盐叫作颗盐，就是古书中所说的大盐。

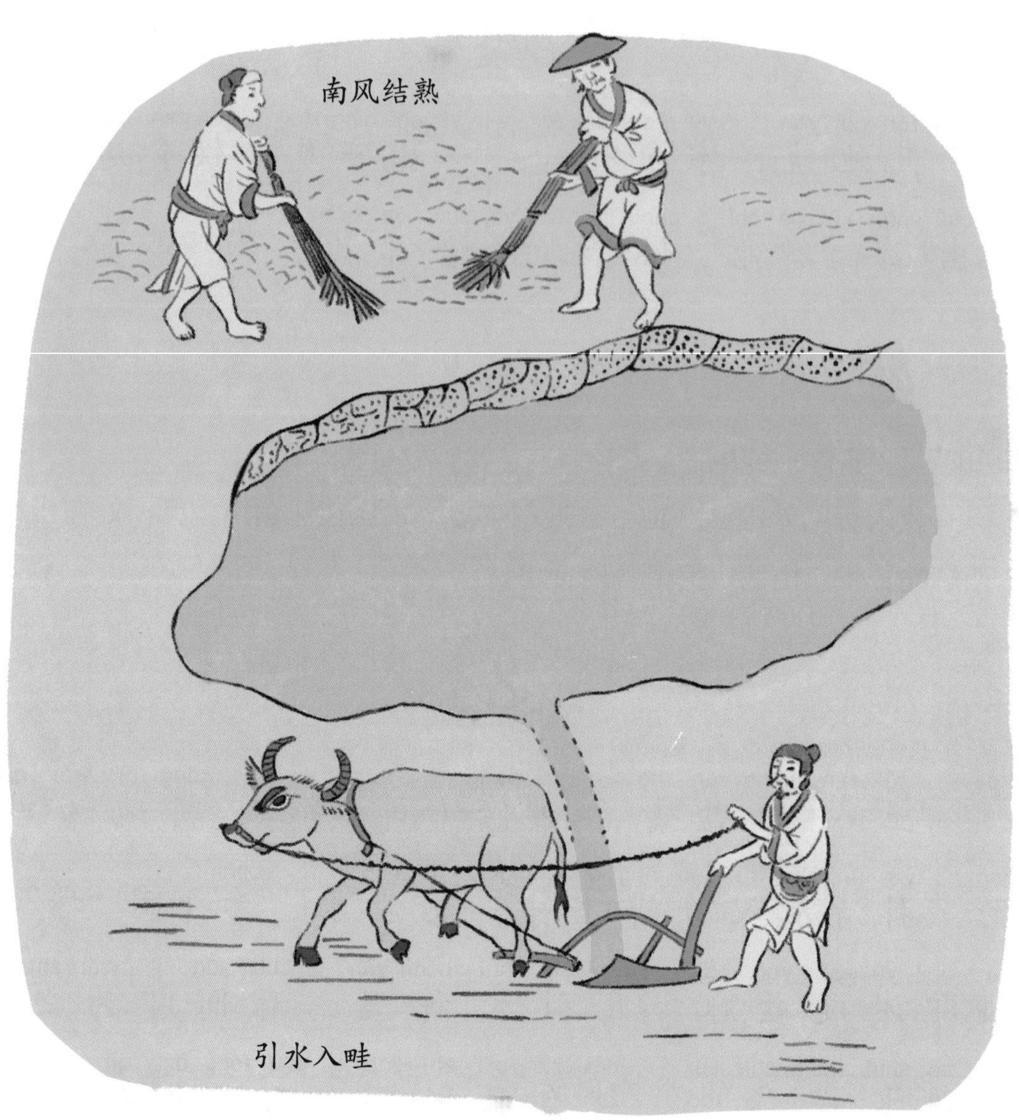

井盐

fán diān shǔ liǎng shěng yuǎn lí hǎi bīn zhōu chē jiān tōng xíng
凡滇、蜀两省，远离海滨，舟车艰通，形
shì gāo shàng qí xián mài jí yùn cáng dì zhōng fán shǔ zhōng shí shān
势高上，其咸脉即韫藏地中。凡蜀中石山

qù hé bù yuǎn zhě duō kě zào jǐng qǔ yán rù yú fǔ zhōng jiān liàn
去河不远者，多可造井取盐。入于釜中煎炼，

qīng kè jié yán sè chéng zhì bái
顷刻结盐，色成至白。

（《天工开物·作咸》）

大意

云南、四川两省，远离海滨，交通不便，地势也较高，它的盐矿都蕴藏在地下。在四川，离河不远的石山多数可以凿井取盐。将井中取出的卤水倒入锅里煎炼，很快就结成雪白的盐了。

▼ 凿井取盐

末盐

fán dì jiǎn jiān yán chú bīng zhōu mò yán wài cháng lú fēn sī dì
凡地碱煎盐，除并州末盐外，长芦分司地
tǔ rén yì yǒu guā xuē jiān chéng zhě dài zá hēi sè wèi bú shèn jiā
土人亦有刮削煎成者，带杂黑色，味不甚佳。

（《天工开物·作咸》）

大意

末盐是用地碱熬的盐，除了并州的末盐，长芦分司所管辖的地区，人们也常常刮取地碱熬盐。这种盐有杂质，颜色较黑，味道不太好。

崖盐

fán xī shěng jiē fèng děng zhōu yì hǎi jǐng jiāo qióng qí
凡西省阶、凤等州邑，海、井交穷，其
yán xué zì shēng yán sè rú hóng tǔ zì rén guā qǔ bù jiǎ jiān
岩穴自生盐，色如红土，恣人刮取，不假煎
liàn
炼。

（《天工开物·作咸》）

大意

崖盐也称石盐，是古代地质时期海水的盐分沉积而成。在陕西阶州、凤县等地，没有海盐和井盐，但当地的岩洞里却出产食盐，看上去像红土块儿，任凭人们刮取食用，不必通过煎炼。

盐的生活小妙招

食盐不仅是调味品，日常生活中还有很多其他的用途：

1.提升面条口感

在煮面条的时候，可以提前在水里加点儿盐，这样能让面条更爽滑劲道，而且根根分明不粘连。

2.防止煮蛋破裂

在煮蛋的时候，可以在水中加入一勺盐，能防止蛋壳裂开，剥蛋皮也变得更加容易。

3.快速解冻

在解冻肉类食材的时候，可以先在肉上撒点儿盐，解冻速度能够明显加快。

4.去除污渍

擦洗陶瓷、玻璃等器皿内的茶垢等污垢时加点儿盐，能够达到很好的清洁效果。

5.衣服固色

新衣服在第一次清洗前，可以先在盐水里浸泡30分钟，这样能够起到固色的作用。

糖是如何制作的

甘蔗的种类

fán gān zhè yǒu èr zhǒng chǎn fán mǐn guǎng jiān sì zhú ér dà
凡甘蔗有二种，产繁闽、广间。似竹而大

zhě wéi guǒ zhè jié duàn shēng dàn qǔ zhī shì kǒu bù kě yǐ zào
者为果蔗，截断生啖，取汁适口，不可以造

táng sì dí ér xiǎo zhě wéi táng zhè kǒu dàn jí jí shāng chún shé
糖。似荻而小者为糖蔗，口啖即棘伤唇舌，

rén bù gǎn shí bái shuāng hóng shā jiē cóng cǐ chū
人不敢食，白霜、红砂皆从此出。

（《天工开物·甘嗜》）

▼ 甘蔗

大意

甘蔗有两种，盛产于福建、广东一带。茎粗大像竹子的叫果蔗，可以截断生吃，汁多可口，但是不适合制糖。茎细小像芦荻的叫糖蔗，又叫荻蔗，因为会刺破唇舌，所以人们不敢生吃，可以用来造白糖和红糖。

fán dí zhè zào táng yǒu níng bīng bái shuāng hóng shā sān pǐn
凡荻蔗造糖，有凝冰、白霜、红砂三品。

táng pǐn zhī fēn fēn yú zhè jiāng zhī lǎo nèn fán zhè xìng zhì qiū
糖品之分，分于蔗浆之老嫩。凡蔗性，至秋

jiàn zhuǎn hóng hēi sè dōng zhì yǐ hòu yóu hóng zhuǎn hè yǐ chéng
渐转红黑色，冬至以后，由红转褐，以成

zhì bái
至白。

（《天工开物·甘嗜》）

大意

用荻蔗造的糖，有冰糖、白糖和红糖三个品种。糖的品种是由蔗的老嫩决定的（成熟的蔗，含糖量多、色素少，较易造出白糖）。荻蔗的表皮到了秋天逐渐变成红黑色，冬至以后，由红转褐，最后出现白色的蔗蜡。

wǔ lǐng yǐ nán wú shuāng guó tǔ xù zhè bù fá yǐ qǔ táng
五岭以南无霜国土，蓄蔗不伐以取糖

shuāng ruò sháo xióng yǐ běi shí yuè shuāng qīn zhè zhì yù shuāng jí
霜。若韶、雄以北，十月霜侵，蔗质遇霜即

shā qí shēn bù néng jiǔ dài yǐ chéng bái sè gù sù fá yǐ qǔ hóng
杀，其身不能久待以成白色，故速伐以取红

táng yě
糖也。

（《天工开物·甘嗜》）

大意

岭南无霜地区，甘蔗留在田里不砍，用来造白糖。但在广东韶关、南雄以北十月开始下霜的地区，蔗质遇到霜就要被破坏，无法留到蔗皮变白，不如早点儿砍下来制作红糖。

轧（yà）蔗汁

蔗（zhè）过（guò）浆（jiāng）流（liú），再（zài）拾（shí）其（qí）滓（zǐ），向（xiàng）轴（zhóu）上（shàng）鸭（yā）嘴（zuǐ）扱（chā）入（rù），再（zài）轧（yà），又（yòu）三（sān）轧（yà）之（zhī），其（qí）汁（zhī）尽（jìn）矣（yǐ），汁（zhī）入（rù）于（yú）缸（gāng）内（nèi）。

（《天工开物·甘嗜》）

大意

造糖需要用轧蔗机，蔗经压榨便流出蔗汁，再把榨过的蔗经过第二、三次压榨，蔗汁便榨尽了，最后蔗汁流入缸内。

▶ 轧蔗取浆

熬蔗汁

看水花为火色。其花煎至细嫩，如煮羹沸，以手捻试，粘手则信来矣。此时尚黄黑色，将桶盛贮，凝成黑沙。然后，以瓦溜置缸上。其溜上宽下尖，底有一小孔，将草塞住，倾桶中黑沙于内。待黑沙结定，然后去孔中塞草，用黄泥水淋下。其中黑滓入缸内，溜内尽成白霜。

（《天工开物·甘嗜》）

大意

汁水流入缸内后要开始熬蔗汁。熬蔗汁时要掌握火候。当水花呈细珠状，好像煮沸的羹一样时，用手捻一下，粘手就说明熬好了。熬好后的糖浆是黄黑色的，把它盛在桶里，凝结成糖膏。然后把瓦溜放在缸上。瓦溜上宽下尖，底部有个小孔，用草塞住，把桶里的糖膏倒入瓦溜中，等糖膏凝固后，把草塞拔下来，用黄泥水（用作吸附脱色剂）淋下。其中黑色的糖蜜便流入缸内，留在瓦溜中的全是白糖。

吹糖人儿

吹糖人是中国民间手工艺品之一。北京话为“吹糖人儿”。手艺人肩挑挑子走街串巷，挑子一头是一个带架的长方柜，柜子下面有一个半圆形开口木圆笼，里面有一个小炭炉，炉上的一个大勺里放满了糖稀（是麦芽糖溶化所得）。

木架分为两层，每层都有很多小插孔，为的是插放糖人。糖人好看、好玩，还能吃。有的小孩图快，就付钱买一个现成的，有的则指定形状要求现做。

手艺人用小铲取一点热糖稀，放在沾满滑石粉的手上揉搓，然后用嘴衔一端，等吹起泡后，迅速放在涂有滑石粉的木模内，用力一吹，稍过一会儿，打开木模，糖人儿就吹好了。

食用油是如何制取的

油品的优劣

fán yóu gōng zhuàn shí yòng zhě hú má lái fú zǐ huáng dòu
凡油，供馔食用者，胡麻、莱菔子、黄豆、
sōng cài zǐ wéi shàng sū má yún tái zǐ cì zhī chá zǐ cì zhī
菘菜子为上。苏麻、芸薹子次之，茶子次之，
xiàn cài zǐ cì zhī dà má rén wéi xià
苋菜子次之，大麻仁为下。

（《天工开物·膏液》）

大意

食用油以芝麻油、萝卜籽油、黄豆油、大白菜籽油为上品。苏麻油、油菜籽油、茶籽油、苋菜籽油为次品，大麻仁油为下品。

植物油的制取

fán zhà mù jù zhě wéi bì hé bào ér zhōng kōng zhī qí
凡榨，木巨者围必合抱，而中空之，其
mù zhāng wéi shàng fán kāi zhà pì zhōng záo huá píng cáo yì tiáo
木樟为上。凡开榨，辟中，凿划平槽一条，
yǐ wǎn záo rù zhōng xuē yuán shàng xià xià yàn záo yì xiǎo kǒng xī
以宛凿入中，削圆上下，下沿凿一小孔，剧
yì xiǎo cáo shǐ yóu chū zhī shí liú rù chéng jiè qì zhōng zhuàng mù
一小槽，使油出之时流入承藉器中。撞木
yǔ shòu zhuàng zhī jiān jiē yǐ tiě quān guǒ shǒu jù pī sàn yě
与受撞之尖皆以铁圈裹首，惧披散也。

（《天工开物·膏液》）

榨油的工具大的要选用两臂抱围粗的木材，把中间挖空，木材用

樟木最好。做榨具时，要在中空部分用弯凿开一条平槽并削圆用来放油饼，再在下沿凿一个小孔，削一条小槽，使榨出的油能流入接收器中。用撞木去撞击油料间的木楔（xiē），把油榨出来，撞木和木楔都要用铁圈箍住头部，以防披散。

zhà jù yǐ zhěng lǐ, zé qǔ zhū má、cài zǐ rù fǔ, wén huǒ màn chǎo。tòu chū xiāng qì, rán hòu niǎn suì shòu zhēng。

榨具已整理，则取诸麻、菜子入釜，文火慢炒。透出香气，然后碾碎受蒸。

（《天工开物·膏液》）

大意

榨具准备好了，就可以将油料放入锅内，将炒锅放在灶上用文火慢炒。等透出香气后，就可以取出来碾碎，然后开始蒸。

◀ 炒蒸油料

zhēng qì téng zú qǔ chū yǐ dào jiē yǔ mài jiē bāo guǒ rú
蒸气腾足，取出，以稻秸与麦秸包裹如

bǐng xíng qí bǐng wài quān gū huò yòng tiě dǎ chéng huò pò miè jiǎo
饼形。其饼外圈箍，或用铁打成，或破篾绞

cì ér chéng yǔ zhà zhōng zé cùn xiāng wěn hé
刺而成，与榨中则寸相稳合。（《天工开物·膏液》）

大意

蒸好后取出，用稻秆或麦秆包裹成大饼形状。饼外围的箍是用铁打成或用竹篾编成的，尺寸与榨具中间空隙的尺寸一样。

bāo guǒ jì dìng zhuāng rù zhà zhōng suí qí liàng mǎn huī zhuàng
包裹既定，装入榨中，随其量满，挥撞

jǐ yà ér liú quán chū yān yǐ
挤轧，而流泉出焉矣。（《天工开物·膏液》）

大意

包裹好以后，就可以装入榨具中，装满后，挥动撞木把尖楔打进去挤压，油就像泉水一样流出来了。

酒曲的制作方法

酿酒需要酒曲

fán niàng jiǔ bì zī qū yào chéng xìn wú qū jí jiā mǐ
凡酿酒，必资曲药成信。无曲，即佳米
zhēn shǔ kōng zào bù chéng fán qū mài mǐ miàn suí fāng tǔ
珍黍，空造不成。凡曲，麦、米、面随方土
zào nán běi bù tóng qí yì zé yī
造，南北不同，其义则一。（《天工开物·曲蘖》）

大意

酿酒必须用酒曲。没有酒曲，即使好米好黍也酿不成酒。酒曲可以因地制宜用麦、米粉或面做原料，南方和北方做法不同，但原理是一样的。

做麦曲

fán mài qū dà xiǎo mài jiē kě yòng zào zhě jiāng mài lián
凡麦曲，大、小麦皆可用。造者将麦连
pí jǐng shuǐ táo jìng shài gān shí yí shèng shǔ tiān mó suì jí
皮，井水淘净，晒干，时宜盛暑天，磨碎，即
yǐ táo mài shuǐ huó zuò kuài yòng chǔ yè bāo zā xuán fēng chù huò yòng
以淘麦水和作块，用楮叶包扎，悬风处，或用
dào jiē yǎn huáng jīng sì shí jiǔ rì qǔ yòng
稻秸罨黄，经四十九日取用。（《天工开物·曲蘖》）

大意

做麦曲，大麦、小麦都可以用。最好在炎热的夏天，把麦粒用水洗净，晒干，磨碎，用淘麦水拌成块状，再用楮叶包扎起来，悬挂在通风的地方，或者用稻草覆盖使它变黄。经过四十九天便可以了。

做面曲

造面曲，用白面五斤、黄豆五升，以蓼汁煮烂，再用辣蓼末五两、杏仁泥十两，和踏成饼，楮叶包悬与稻秸罨黄，法亦同前。

（《天工开物·曲糵》）

大意

做面曲，用白面五斤、黄豆五升，加入蓼汁一起煮烂，再加辣蓼末五两、杏仁泥十两，混合压成饼状，用楮叶包扎悬挂或用稻草掩盖，使它变黄。

其曲一味，蓼身为气脉，而米、麦为质料，但必用已成酒糟为媒合，此糟不知相承起自何代，犹之烧矾之必用旧矾滓云。

（《天工开物·曲糵》）

大意

做酒曲要加辣蓼粉以通气，稻子或麦子是基本原料，还必须加入已成曲的酒糟做媒介。这种酒糟不知道是从哪个年代开始流传下来的，就像烧矾必须用旧矾滓掩盖炉口一样。

“化腐朽为神奇”的红曲

fán dān qū yì zhǒng fǎ chū jìn dài qí yì chòu fǔ shén qí
凡丹曲一种，法出近代。其义臭腐神奇，
qí fǎ qì jīng biàn huà shì jiān yú ròu zuì xiǔ fǔ wù ér cǐ wù bó
其法气精变化。世间鱼肉最朽腐物，而此物薄
shī tú mǒ néng gù qí zhì yú yán shǔ zhī zhōng jīng lì xún rì qū
施涂抹，能固其质于炎暑之中，经历旬日，蛆
yíng bù gǎn jìn sè wèi bù lí chū
蝇不敢近，色味不离初。（《天工开物·曲糵》）

大意

有一种红曲，它的制造方法是近代才出现的，能够利用空气和白米的变化“化腐朽为神奇”。鱼和肉最容易腐烂，但只要将红曲薄薄涂一层，即便在炎热的夏天放十来天也不会变质。

fán zào fǎ yòng xiān dào mǐ shuǐ jìn yī qī rì qí qì chòu
凡造法，用籼稻米。水浸一七日，其气臭
è bù kě wén zé qǔ rù cháng liú hé shuǐ piǎo jìng piǎo hòu è chòu
恶不可闻，则取入长流河水漂净。漂后恶臭
yóu bù kě jiě rù zèng zhēng fàn zé zhuǎn chéng xiāng qì bù jí qí
犹不可解，入甑蒸饭则转成香气。不及其
shú chū lí fǔ zhōng yǐ lěng shuǐ yí wò qì lěng zài zhēng zé lìng
熟，出离釜中，以冷水一沃，气冷再蒸，则令

jí shú yǐ　shú hòu　shù dàn gòng jī yì duī　bàn xìn
极熟矣。熟后，数石共积一堆，拌信。

（《天工开物·曲蘖》）

大意

造红曲要用籼稻米。用水浸泡米七天，直到非常臭，然后用河水漂净。漂净后仍有臭味，但入锅蒸后气味就变香了。米蒸到半熟，从锅中取出，然后用冷水淋浇，等冷却后再蒸到熟。等蒸熟几石米后，把米堆放在一起再拌进曲种。

▲ 长流漂米

fán qū xìn bì yòng jué jiā hóng jiǔ zāo wéi liào měi zāo yì
凡曲信，必用绝佳红酒糟为料。每糟一
dǒu rù mǎ liǎo zì rán zhī sān shēng míng fán shuǐ huò huà měi qū fàn
斗，入马蓼自然汁三升，明矾水和化。每曲饭
yí dàn rù xìn èr jīn chéng fàn rè shí shù rén jié shǒu bàn yún
一石，入信二斤，乘饭热时，数人捷手拌匀，
chū rè bàn zhì lěng hòu shì qū xìn rù fàn jiǔ fù wēi wēn zé xìn
初热拌至冷。候视曲信入饭，久复微温，则信
zhì yǐ fán fàn bàn xìn hòu qīng rù luó nèi guò fán shuǐ yí cì
至矣。凡饭拌信后，倾入箩内，过矾水一次，
rán hòu fēn sàn rù miè pán dēng jià chéng fēng
然后分散入篾盘，登架乘风。（《天工开物·曲糵》）

大意

曲种一定要用最好的红酒糟为原料。每一斗酒糟加入马蓼汁三升，再加明矾水和匀。每石曲饭加入曲种二斤。趁着饭热，几个人迅

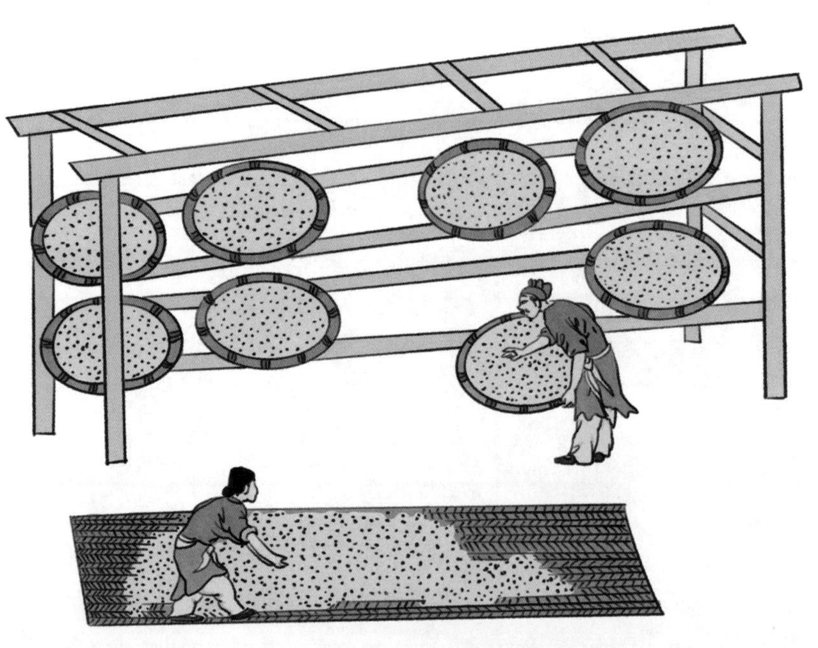

▲ 凉风吹变

速拌匀，由热拌到冷。注意观察曲种与饭作用的情况，过一段时间，等饭的温度又回升，说明曲种发生作用了。然后倒入箩里，用明矾水淋过一次，分开放入篾盘中，放到架子上通风。

fán qū fàn rù pán yí gè shí zhōng fān bàn yuē sān cì qí chū
凡曲饭入盘，一个时中翻拌约三次。其初
shí xuě bái sè jīng yī èr rì chéng zhì hēi sè hēi zhuǎn hè hè
时雪白色，经一二日成至黑色，黑转褐，褐
zhuǎn dài zhě zhě zhuǎn hóng hóng jí fù zhuǎn wēi huáng zé qí jià
转代赭，赭转红，红极复转微黄。则其价
yǔ rù wù zhī lì jiē bèi yú fán qū yě
与入物之力，皆倍于凡曲也。（《天工开物·曲糵》）

大意

曲饭放入篾盘中，每两个小时要翻拌约三次。曲饭开始是雪白色，经过一两天就变成黑色，之后黑色变为褐色，褐色转为赭色，赭色转为红色，最后变回微黄色。这样制成的红曲，价值和功用都比一般的曲高几倍。

杜康酿酒

据民间传说和历史资料记载，杜康又名少康，是夏朝的第六世君主。

据文献记载，在夏朝第五世君主帝相在位的时候，发生了一次政变，帝相被杀，那时帝相的妻子后缗（mín）氏已怀有身孕，就逃到娘家“虞”这个地方，生下了儿子。因为希望他能像爷爷仲康一样有所作为，所以取名少康。

少年的少康以放牧为生，他外出放牧时带的饭食经常挂在树上忘了吃。一段时间后，少康发现挂在树上的剩饭变了味，产生的汁水竟非常美味，这引起了他的兴趣。他开始反复地研究，终于发现了自然发酵的原理。他有意识地进行模仿，并不断改进，终于总结出一套完整的酿酒工艺。杜康因此成为中国古代传说中的“酿酒始祖”，他酿的酒被命名为“杜康酒”。

衣服是怎么做出来的

衣服的出现，原本是为了遮寒蔽体，而在物质条件极大丰富的今天，人们已经赋予了衣服更多的功用。学校里，我们穿上整洁大方的校服；运动场上，我们穿上排汗透气的运动服；将来工作了，我们还会穿上代表身份的各种职业服装。

我们现在制作衣服的材料是很丰富的，既有从自然界提取的棉、麻、丝等，也有成本较低的化纤和混纺面料。近年来出现的纳米制衣材料则让我们的衣服拥有了更多特殊的性质，如防紫外线、抗静电、拒油拒水等功能。这些技术给我们的生活带来了很大的改变。

而在古代，人们做衣服的材料都是自然界提供的。有从植物中提取的棉、麻、葛等，也有从动物身上得来的裘皮、毛等。我们的祖先掌握了先进的养蚕缫丝及纺织技术，能够纺出带有花纹的布匹，也能够经过染色制作出华美的布料……

接下来要讲的内容主要出自《天工开物》的《乃服》和《彰施》。“乃服”就是衣裳的意思，这个词来自《千字文》“乃服衣裳”。《乃服》这一卷讲述的是古代纺织技术，《彰施》这一卷主要讲述的是古代的染色技术。

桑蚕的养殖

蚕卵

fán yǒng biàn cán é xún rì pò jiǎn ér chū cí xióng jūn děng
凡蛹变蚕蛾，旬日破茧而出，雌雄均等。

（《天工开物·乃服》）

大意

蚕蛹需要经过十天才能破茧而出变成蚕蛾。孵化出来的雌蛾和雄蛾数量是一样的。

cí zhě fú ér bú dòng xióng zhě liǎng chì fēi pū yù cí jí jiāo jiāo yí rì bàn rì fāng jiě
雌者伏而不动，雄者两翅飞扑，遇雌即交。交一日半日方解。

（《天工开物·乃服》）

大意

雌蛾伏着不动，雄蛾振动两个翅膀来进行交配，这一过程往往要持续半天甚至一天的时间。

jiě tuō zhī hòu xióng zhě zhōng kū ér sǐ cí zhě jí shí shēng luǎn
解脱之后，雄者中枯而死，雌者即时生卵。

（《天工开物·乃服》）

大意

分开之后，雄蛾会因精疲力竭而死，雌蛾就开始产卵了。

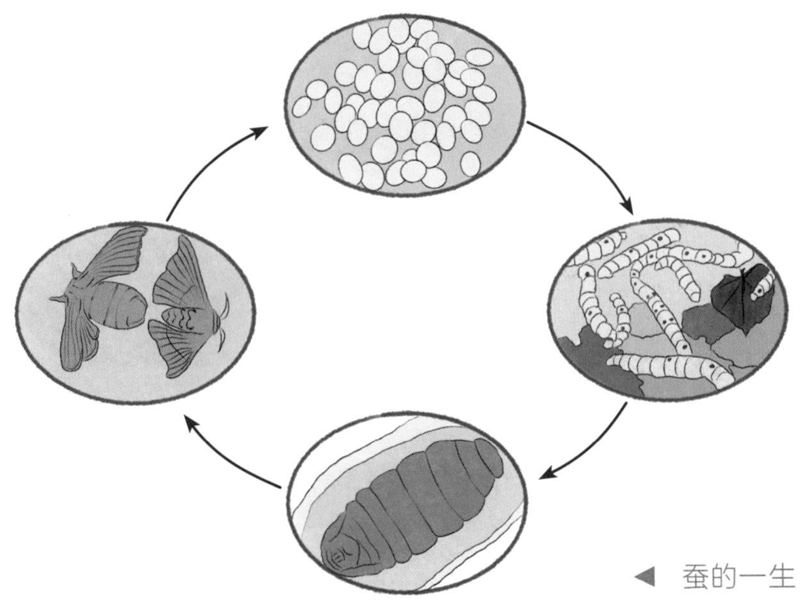

◀ 蚕的一生

chéng jiè luǎn shēng zhě huò zhǐ huò bù suí fāng suǒ yòng jiā
承藉卵生者，或纸或布，随方所用。嘉、
hú yòng sāng pí hòu zhǐ lái nián shàng kě zài yòng
湖用桑皮厚纸，来年尚可再用。

（《天工开物·乃服》）

大意

人们会让蚕卵产在纸上或布上，各地的习惯有所不同，嘉兴和湖州使用桑树皮做的厚纸，第二年可以再次使用。

yì é jì shēng luǎn èr bǎi yú lì zì rán nián yú zhǐ shàng
一蛾计生卵二百余粒，自然粘于纸上，
lì lì yún pū tiān rán wú yì duī jī cán zhǔ shōu zhù yǐ dài lái
粒粒匀铺，天然无一堆积。蚕主收贮，以待来
nián
年。

（《天工开物·乃服》）

大意

一只雌蛾每次能产两百多粒卵，有趣的是，它们往往不会堆积在一起。这时，养蚕人会小心地把蚕卵收藏起来，准备第二年使用。

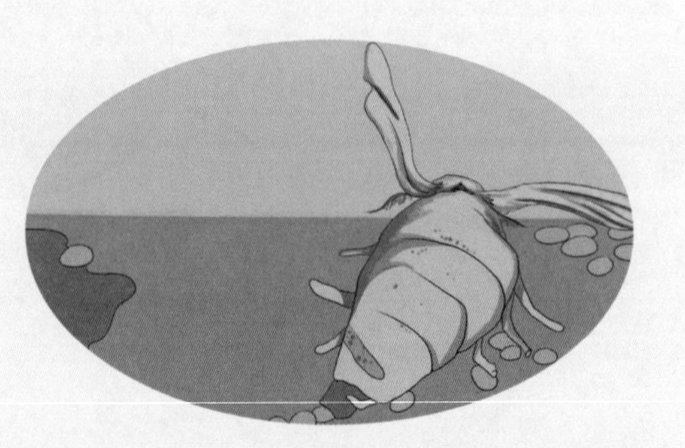

蚕的孵化和饲养

fán qīng míng shì sān rì, cán miáo jí bù wēi yī qīn nuǎn qì,
凡清明逝三日，蚕蚙即不偎衣衾暖气，
zì rán shēng chū. cán shì yí xiàng dōng nán, zhōu wéi yòng zhǐ hú fèng
自然生出。蚕室宜向东南，周围用纸糊缝
xì, shàng wú péng bǎn zhě yí dǐng gé. zhí hán lěng zé yòng tàn huǒ yú
隙，上无棚板者宜顶格。值寒冷则用炭火于
shì nèi zhù nuǎn.
室内助暖。

（《天工开物·乃服》）

大意

清明过后三天，初生的蚁蚕不再需要保暖，就能自然孵化出来了。蚕室最好朝着东南方向建造，四周墙上的缝隙都要糊好。室内没有天花板的，要装上顶棚。当天气变冷的时候，室内要用炭火来保温。

fán chū rǔ cán, jiāng sāng yè qiē wéi xì tiáo. zhāi yè yòng wèng
凡初乳蚕，将桑叶切为细条。摘叶用瓮
tán chéng, bú yù fēng chuī kū cuì.
坛盛，不欲风吹枯悴。

（《天工开物·乃服》）

大意

喂养刚刚出生的蚕宝宝时，要把桑叶切成细条。摘回来的桑叶要用陶瓮、陶坛装好贮存，不能让风吹干了。

èr mián yǐ qián téng kuāng fāng fǎ jiē yòng jiān yuán xiǎo zhú kuài tí guò èr mián yǐ hòu zé bú yòng zhù ér shǒu zhǐ kě niān yǐ

二眠以前，誊筐方法，皆用尖圆小竹筷提过。二眠以后，则不用箸，而手指可拈矣。

（《天工开物·乃服》）

大意

蚕的幼虫一般要经过四次休眠才能成熟结茧，二眠以前，腾筐进行清洁工作时要用小竹筷把蚕夹到另一筐内。二眠以后，就不用筷子了，可以直接用手拈过去。

fán mián zhāi shí jiē tǔ sī ér hòu mián ruò téng guò xū jiāng jiù yè xiē wēi jiǎn jìng ruò nián dài sī chán yè zài zhōng mián qǐ zhī shí kǒng qí jí shí yì kǒu zé qí bìng wéi zhàng sǐ

凡眠齐（同“斋”）时，皆吐丝而后眠。若誊过，须将旧叶些微拣净。若粘带丝缠叶在中，眠起之时，恐其即食一口，则其病为胀死。

（《天工开物·乃服》）

大意

蚕都是吐丝以后进入休眠的。腾筐时要把残叶都拣得干干净净。如果有粘带丝的残叶留下来，蚕休眠起来之后，吃上一口就会得病胀死。

sān mián yǐ guò ruò tiān qì yán rè jí yí bān chū kuān liáng
三眠已过，若天气炎热，急宜搬出宽凉

suǒ yì jì fēng chuī
所，亦忌风吹。（《天工开物·乃服》）

大意

三眠过后，如果天气炎热，要赶紧把蚕转移到宽敞凉爽的地方，但同时要注意不能让风吹到。

fán dà mián hòu jì shàng yè shí èr cān shí fāng téng tài qín
凡大眠后，计上叶十二餐食方誊，太勤

zé sī cāo
则丝糙。（《天工开物·乃服》）

大意

大眠（即四眠）过后，要喂十二次桑叶才可以腾筐，如果腾得次数太多，蚕丝就会变得粗糙。

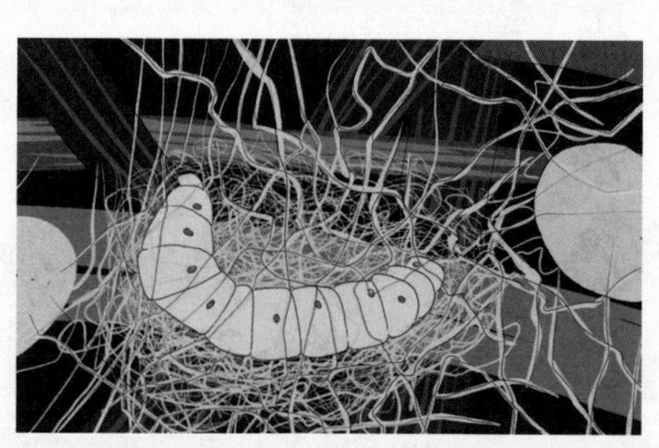

lǎo zú zhě hóu xià liǎng jiá tōng míng zhuō shí nèn yì fēn zé
老足者，喉下两颊通明。捉时嫩一分，则

sī shǎo guò lǎo yì fēn yòu tǔ qù sī jiǎn ké bì báo zhuō zhě
丝少；过老一分，又吐去丝，茧壳必薄。捉者

yǎn fǎ gāo yì zhī bú chà fāng miào
眼法高，一只不差方妙。（《天工开物·乃服》）

大意

成熟的蚕胸部两侧透明。如果捉的蚕嫩一分，不够成熟的话，那吐丝就会少；老一分的话，因为已经吐掉一部分丝，蚕壳必定薄。捉蚕的人眼法要高明，如果能一条也捉不错才好。

吐丝结茧

fán jié jiǎn bì rú jiā hú fāng jìn qí fǎ qí fǎ xī
凡结茧，必如嘉、湖，方尽其法。其法：析
zhú biān bó qí xià héng jià liào mù yuē liù chǐ gāo dì xià bǎi liè
竹编箔，其下横架料木，约六尺高，地下摆列
tàn huǒ fāng yuán qù sì wǔ chǐ jí liè huǒ yì pén chū shàng shān shí
炭火，方圆去四五尺即列火一盆。初上山时，
huǒ fèn liǎng lüè qīng shǎo yǐn tā chéng xù cán liàn huǒ yì jí shí
火分两略轻少，引他成绪，蚕恋火意，即时
zào jiǎn bú fù yuán zǒu
造茧，不复缘走。

（《天工开物·乃服》）

大意

蚕在结茧的时候，采用嘉兴、湖州地区的方法才算最好的。那里的做法是：把削好的竹篾编成蚕箔，在蚕箔下面用木料搭一个离地约六尺高的木架子，地面上要放置炭火，前后左右每隔四五尺就摆放一个火盆。蚕刚开始上簇结茧时，火力要稍微小一些，因为蚕喜欢暖和的地方，如果被诱引的话会马上开始结茧，不再到处爬动。

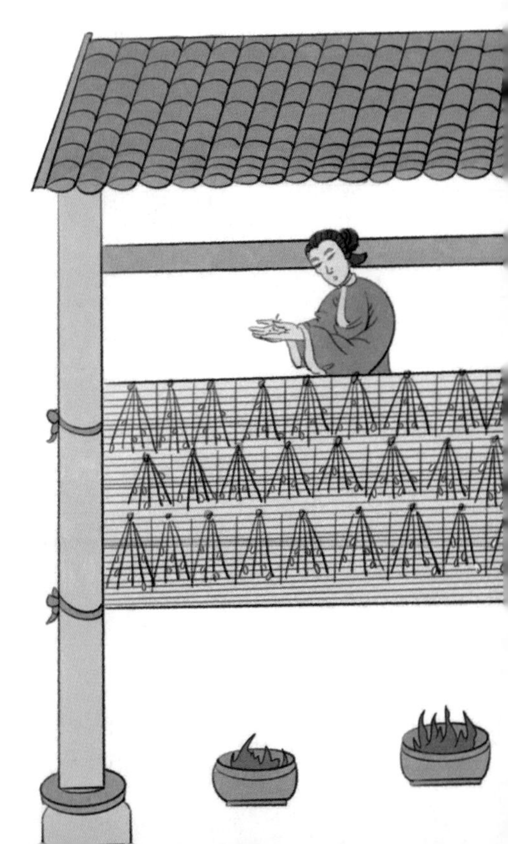

jiǎn xù jì chéng, jí měi pén jiā huǒ bàn jīn, tǔ chū sī lái,
茧绪既成，即每盆加火半斤，吐出丝来，
suí jí gān zào, suǒ yǐ jīng jiǔ bú huài yě. qí jiǎn shì bù yí lóu bǎn
随即干燥，所以经久不坏也。其茧室不宜楼板
zhē gài, xià yù huǒ ér shàng yù fēng liáng yě. fán huǒ dǐng shàng zhě bù
遮盖，下欲火而上欲风凉也。凡火顶上者不
yǐ wéi zhǒng, qǔ zhǒng nìng yòng huǒ piān zhě. qí bó shàng shān, yòng
以为种，取种宁用火偏者。其箔上山，用
mài dào gǎo zhǎn qí, suí shǒu jiū liè chéng shān, dùn chā bó shàng.
麦稻稿斩齐，随手纠捩成山，顿插箔上。

（《天工开物·乃服》）

大意

茧衣结成之后，每盆炭火再添上半斤炭，使它的温度升高，这样蚕吐出的丝很快就干燥了，这种丝很长时间不会坏。蚕结茧的屋子不能用棚板遮盖，因为结茧的过程中下面用火烘，上面需要通风。火盆正顶上的蚕茧不能用来做蚕种，取种要用离火盆稍远的。蚕箔上的山簇，是用切割整齐的稻秆或麦秸随手扭结而成的，垂直插放在蚕箔上。

“先蚕娘娘”嫘（léi）祖的故事

嫘祖是黄帝的妻子，传说是第一个掌握了种桑养蚕和抽丝编绢方法的人。

传说黄帝建立部落以后，经常带领大家进行生产和劳动，他把部落里制作衣服的事情交给了嫘祖。嫘祖除了用树皮和兽皮加工制作衣服，还带领女子到山上寻找桑树林，采集树上的白色果实。刚开始，大家以为这些白色的小果子是用来食用的，但发现根本咬不动，而且没有味道。大家十分好奇：采集这些白色小果究竟要做什么呢？

嫘祖把这些白色小果放在水里煮，煮了很久以后，又拿起一根细木棒在水里搅。当她把木棒拿出来时，上面居然缠着很多像头发丝一样细的白线，晶莹夺目，柔软异常。嫘祖告诉大家：白色小果不是食物，而是一种叫作“蚕”的虫子吐细丝绕织而成的茧，这些丝线正是制作衣服的好材料。嫘祖把这些雪白的丝线晒干，又编织成绢，最后裁制成了衣服。这种衣服穿起来舒适软滑，部落里的人都十分喜爱。

嫘祖认为可以大范围种桑养蚕，这样就能让更多的人穿上舒适的衣服。于是，她把这件事告诉了黄帝，希望黄帝下令保护山上所有的桑树林，并进行大规模种桑养蚕。黄帝十分赞同嫘祖的想法。从此，人们就在嫘祖的带领下种桑，养蚕，缫（sāo）丝，纺织，裁衣……后世为了纪念嫘祖的功绩，尊称她为“先蚕娘娘”。

蚕茧制成丝

选择缫(sāo)丝的蚕茧

fán qǔ sī　bì yòng yuán zhèng dú cán jiǎn　zé xù bú luàn
凡取丝，必用圆正独蚕茧，则绪不乱。

（《天工开物·乃服》）

大意

缫丝一定要选用圆正的单茧，这样得到的丝才不会乱。

ruò shuāng jiǎn bìng sì wǔ cán gòng wéi jiǎn　zé qù qǔ mián yòng
若双茧并四五蚕共为茧，择去取绵用。
huò yǐ wéi sī　zé cū shèn
或以为丝，则粗甚。

（《天工开物·乃服》）

大意

如果用双宫茧或由四五条蚕一起结成的同宫茧，应该拣出来造丝绵，用来缫丝，材质就会十分粗劣。

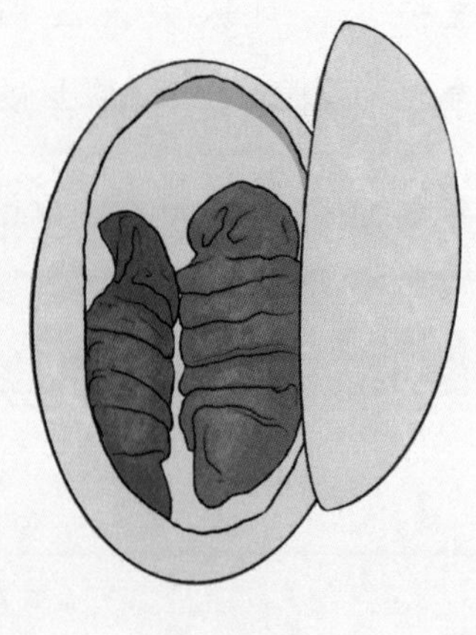

煮茧抽丝

fán jiǎn gǔn fèi shí, yǐ zhú qiān bō dòng shuǐ miàn, sī xù zì
凡茧滚沸时，以竹签拨动水面，丝绪自
xiàn
见（同“现”）。

（《天工开物·乃服》）

大意

当茧滚沸时，用竹签在水面拨动，丝头自然就露出来了。

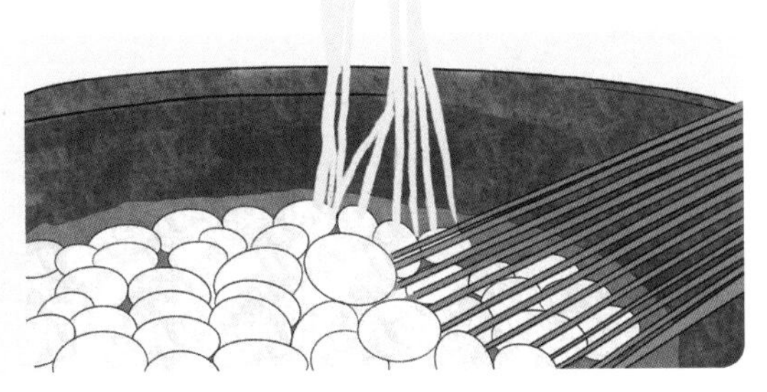

缫丝

fán zhì sī, xiān zhì sī chē
凡治丝，先制丝车。

（《天工开物·乃服》）

大意

缫丝，要先做缫车。

tí xù rù shǒu, yǐn rù zhú zhēn yǎn, xiān rào xīng dīng tóu (yǐ
提绪入手，引入竹针眼，先绕星丁头（以
zhú gùn zuò chéng, rú xiāng tǒng yàng), rán hòu yóu sòng sī gān gōu
竹棍做成，如香筒样），然后由送丝干勾
guà, yǐ dēng dà guān chē. duàn jué zhī shí, xún xù diū shàng, bú bì
挂，以登大关车。断绝之时，寻绪丢上，不必
rào jiē. qí sī pái yún bù duī jī zhě, quán zài sòng sī gān yǔ mó dǔn
绕接。其丝排匀不堆积者，全在送丝干与磨不
zhī shàng.
之上。

（《天工开物·乃服》）

大意

用手牵住丝头，穿过竹针眼，绕上星丁头（用竹棍做成香筒状的导丝轮）。然后钩挂在移丝竿上，再绕在绕丝用的大关车上。遇到断丝时，找到绪头搭上去就可以，不必绕接原来的丝。要使大关车绕丝绕得均匀，关键在于移丝竿和脚踏摇柄配合得好。

sī měi zhī fǎ yǒu liù zì　yī yuē　chū kǒu gān　jí jié jiǎn
丝美之法有六字：一曰“出口干”，即结茧
shí yòng tàn huǒ hōng　yī yuē　chū shuǐ gān　zé zhì sī dēng chē shí
时用炭火烘。一曰“出水干”，则治丝登车时，
yòng tàn huǒ sì wǔ liǎng　pén chéng　qù chē guān wǔ cùn xǔ　yùn zhuǎn
用炭火四五两，盆盛，去车关五寸许，运转
rú fēng shí　zhuǎn zhuǎn huǒ yì zhào gān
如风时，转转火意照干。（《天工开物·乃服》）

大意

想要得到质量好的丝，有个六字口诀：一叫“出口干”，说的是结茧时用炭火烘干；一叫“出水干”，就是缫丝上车的时候，用盆装四五两炭火，将炭火盆放在离大关车五寸远的地方。当大关车飞快转动时，生丝边转边被烘干。

古今连连看

现代缫丝工艺

❶ 选出可以缫丝的优质茧，剔除不能缫丝的劣质茧。

❷ 在煮茧平台上用现代设备将蚕茧煮熟。

❸ 机器将丝头找出来，自动流到流水线上的缫丝机下，穿过瓷眼，缠在纺纱轮上。

❹ 再经过复摇把丝纺在大轮上。

丝线织成布

把丝绕在簔子上

fán sī yì zhī shí, zuì xiān yòng tiáo. tòu guāng yán duān yǔ xià, yǐ mù jià pū dì, zhí zhú sì gēn yú shàng, míng yuē luò dǔ. sī kuāng zhú shàng, qí páng yǐ zhù gāo bā chǐ chù, dìng jù xié ān xiǎo zhú yǎn yuè guà gōu, xuán dā sī yú gōu nèi, shǒu zhōng zhí yuè xuán chán, yǐ sì qiān jīng zhī wěi zhī yòng. xiǎo zhú zhuì shí wéi huó tóu, jiē duàn zhī shí, bān zhī jí xià.

凡丝议织时，最先用调。透光檐端宇下，以木架铺地，植竹四根于上，名曰络笃。丝匡竹上，其傍（同“旁”）倚柱高八尺处，钉具斜安小竹偃月挂钩，悬搭丝于钩内，手中执簔旋缠，以俟牵经织纬之用。小竹坠石为活头，接断之时，扳之即下。（《天工开物·乃服》）

大意

准备织丝时，首先要调丝。在光线好的屋檐下，把木架铺在地上，木架上插四根竹竿，叫作络笃。丝套在它上面，在络笃旁边的柱子上八尺高的地方装一根倾斜的小竹竿，竿的一头按上半月形的挂钩，把丝悬挂在钩上，手拿着簔子（绕丝用的棒子）旋转绕丝，以备牵经和织纬。小竹竿上拉一根坠着小石块的绳子作为活动的接头，要接断丝时，一拉绳子，挂钩就落下来了。

卷纬线

fán sī jì yuè zhī hòu, yǐ jiù jīng wěi。jīng zhì yòng shǎo, ér wěi zhì yòng duō。měi sī shí liǎng, jīng sì wěi liù。

凡丝既篗之后，以就经纬。经质用少，而纬质用多。每丝十两，经四纬六。（《天工开物·乃服》）

大意

丝绕在篗子上之后，就可以用来牵经卷纬了。经线用丝少，纬线用丝多。每十两丝，大约经线用四两，纬线用六两。

fán gōng wěi yuè, yǐ shuǐ wò shī sī, yáo chē zhuǎn dìng, ér fǎng yú zhú guǎn zhī shàng。

凡供纬篗，以水沃湿丝，摇车转锭，而纺于竹管之上。

（《天工开物·乃服》）

大意

用来卷纬的篗子，要先用水把它上面的丝淋湿，再摇车把丝绕在竹管上。

牵经线

fán sī jì yuè zhī hòu qiān jīng jiù zhī yǐ zhí zhú gān chuān
凡丝既籰之后，牵经就织。以直竹竿穿
yǎn sān shí yú tòu guò miè quān míng yuē liū yǎn gān héng jià zhù
眼三十余，透过篾圈，名曰溜眼。竿横架柱
shàng sī cóng quān tòu guò zhǎng shàn rán hòu chán rào jīng pá zhī
上，丝从圈透过掌扇，然后缠绕经耙之
shàng dù shù jì zú jiāng yìn jià kǔn juǎn jì kǔn zhōng yǐ jiāo zhú
上。度数既足，将印架捆卷。既捆，中以交竹
èr dù yí shàng yí xià jiàn sī rán hòu chā yú kòu nèi cǐ kòu fēi
二度，一上一下间丝，然后扱于筘内（此筘非
zhī kòu chā kòu zhī hòu yǐ dì gàng yǔ yìn jià xiāng wàng dēng
织筘）。扱筘之后，以的杠与印架相望，登
kāi wǔ qī zhàng huò guò hú zhě jiù cǐ guò hú huò bú guò hú
开五七丈。或过糊者，就此过糊；或不过糊，
jiù cǐ juǎn yú dì gàng chuān zèng jiù zhī
就此卷于的杠，穿综就织。（《天工开物·乃服》）

大意

丝绕在籰子上以后，便可以牵拉经线准备织造了。在一根直竹竿上钻出三十多个孔，穿上一个名叫“溜眼”的篾圈。把这条竹竿横架在柱子上，丝通过篾圈再穿过“掌扇”，然后缠绕在经耙上。当达到足够的长度时，就用印架卷好、系好。卷好以后，中间用两根交棒把丝分隔成一上一下两层，然后再穿入梳筘里面（这个梳筘不是织机上的织筘）。穿过梳筘之后，把的杠（经轴）与印架相对拉开五丈到七丈远。如果需要浆丝，就在这个时候进行；如果不需要浆丝，就直接卷在经轴上，这样就可以穿综筘而投梭织造了。

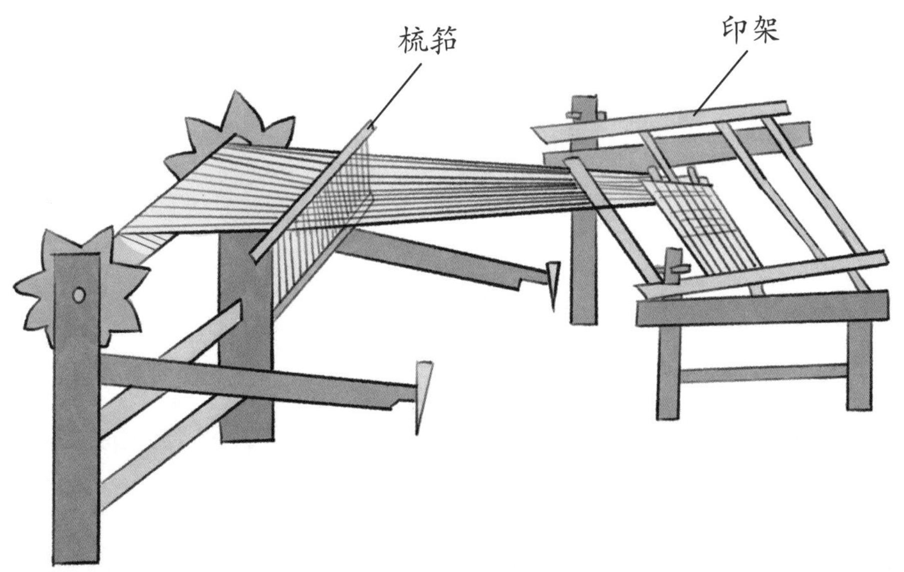

各种各样的纺织机

提花机

fán huā jī, tōng shēn dù cháng yí zhàng liù chǐ, lóng qǐ huā
凡花机，通身度长一丈六尺，隆起花

lóu, zhōng tuō qú pán, xià chuí qú jiǎo (shuǐ mó zhú gùn wéi zhī, jì
楼，中托衢盘，下垂衢脚（水磨竹棍为之，计

yì qiān bā bǎi gēn). duì huā lóu xià kū kēng èr chǐ xǔ, yǐ cáng qú
一千八百根）。对花楼下堀坑二尺许，以藏衢

jiǎo (dì qì shī zhě, jià péng èr chǐ dài zhī). tí huā xiǎo sī zuò
脚（地气湿者，架棚二尺代之）。提花小厮坐

lì huā lóu jià mù shàng. jī mò yǐ dì gàng juǎn sī, zhōng yòng dié zhù
立花楼架木上。机末以的杠卷丝，中用叠助

mù liǎng zhī, zhí chuān èr mù, yuē sì chǐ cháng, qí jiān chā yú kòu
木两枝，直穿二木，约四尺长，其尖插于筘

liǎng tóu.
两头。

（《天工开物·乃服》）

大意

织机中最复杂的是提花机。提花机全长约一丈六尺，高高耸起的部分是花楼（控制经线），中间托着的是衢盘（调整经线开口的部件），下面垂着的是衢脚（使经线复位的部件，用一千八百根加水磨光滑的竹棍做成）。在花楼的正下方要挖一个约两尺深的坑来安放衢脚（如果地底下潮湿，也可以架两尺高的棚来代替）。提花工人坐在花楼的木架子上操作。花机的末端用的是的杠卷丝，中间用两根叠助木，垂直穿接两根约四尺长的木棍，木棍尖端分别插入织筘的两头。

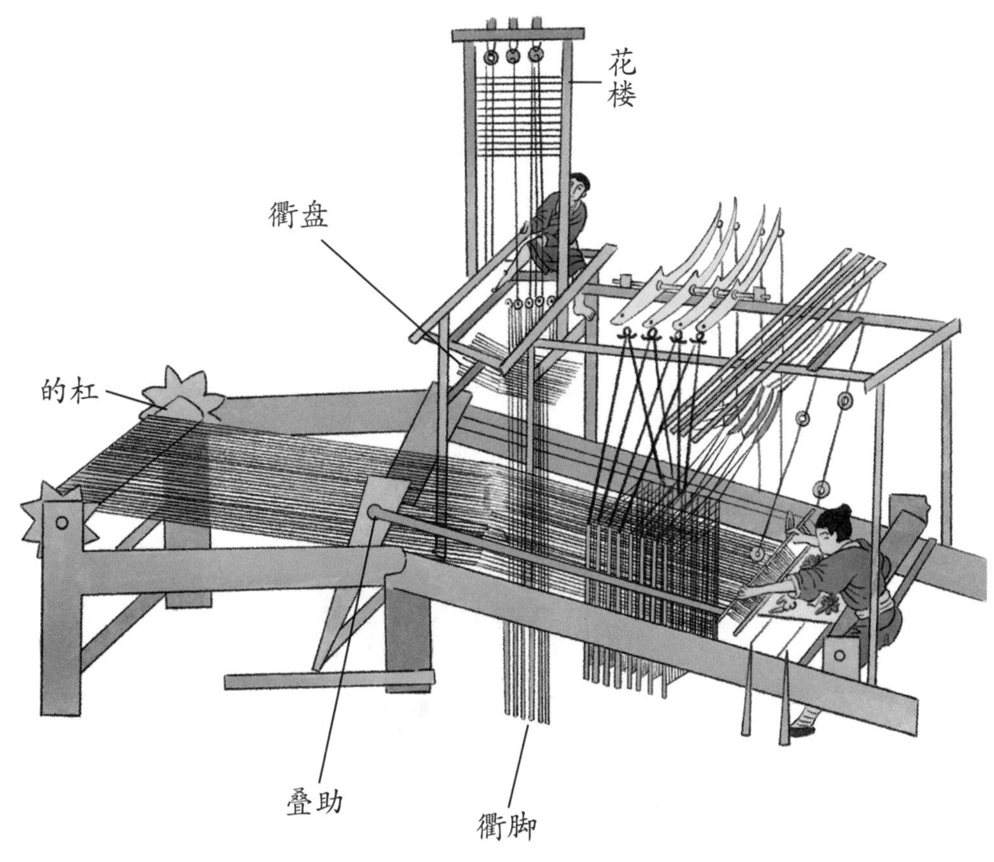

腰机

fán zhī háng xī luó dì děng juàn qīng sù děng chóu yín
凡织杭西、罗地等绢，轻、素等绸，银
tiáo jīn mào děng shā bú bì yòng huā jī zhǐ yòng xiǎo jī
条、巾、帽等纱，不必用花机，只用小机。
zhī jiàng yǐ shú pí yì fāng zhì zuò xià qí lì quán zài yāo kāo zhī
织匠以熟皮一方置坐下，其力全在腰尻之
shàng gù míng yāo jī
上，故名腰机。

（《天工开物·乃服》）

大意

织“杭西”“罗地”等绢，“轻”“素”等绸，“银条”“巾”“帽”等纱时，都不必使用提花机，只用小的织机就行。织匠用一块熟皮当靠背，操作时全靠腰和臀部用力，所以又叫腰机。

电脑提花机

随着时代的发展，传统的提花机已经不适应如今的需求，取而代之的是电脑提花机。电脑提花机有着较高的稳定性和可靠性，能够满足现代化生产的高效要求。

棉花做衣服

棉花的种类

mián huā gǔ shū míng xǐ má zhòng biàn tiān xià zhǒng yǒu mù
棉花，古书名枲麻，种遍天下。种有木
mián cǎo mián liǎng zhě
棉、草棉两者。

（《天工开物·乃服》）

大意

棉花，古书称为枲麻，各地都有种植。有木棉、草棉两种。

▲ 木棉

▲ 草棉

fán mián chūn zhòng qiū huā huā xiān zhàn zhě zhú rì zhāi qǔ qǔ
凡棉春种秋花，花先绽者逐日摘取，取
bù yì shí qí huā zhān zǐ yú fù dēng gǎn chē ér fēn zhī
不一时。其花粘子于腹，登赶车而分之。

（《天工开物·乃服》）

大意

棉花是春天种，秋天结棉桃，按棉桃吐絮先后采摘，收摘期不一致。棉絮和棉籽粘在一起，需要放在轧花机上将棉籽挤出去。

弹棉花

qù zǐ qǔ huā xuán gōng
去子取花，悬弓

tán huā
弹化（同“花”）。

（《天工开物·乃服》）

大意

去籽取出棉花后，要用弹弓把棉花弹松。

纺棉

tán hòu yǐ mù bǎn cā chéng cháng tiáo yǐ dēng fǎng chē yǐn xù
弹后以木板擦成长条，以登纺车，引绪

jiū chéng shā lǚ rán hòu rào yuè qiān jīng jiù zhī
纠成纱缕。然后绕籰牵经就织。

（《天工开物·乃服》）

大意

接下来用木板搓成长条，再用纺车纺成棉纱，然后绕在籰子上，就可以牵经织布了。

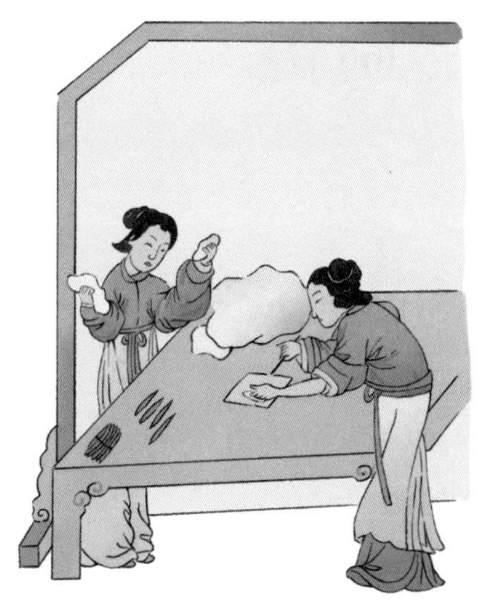

▲ 擦条

▲ 纺缕

传说与故事

黄道婆

元朝初年，有位叫黄道婆的妇女，在海南岛向黎族姐妹学会了一整套棉纺织技术并进行了改进，她把这种先进的棉纺织技术带回了家乡松江府乌泥泾。

她热心地教当地的老百姓制作纺织工具，代替了以前的手工制造。同时，她也教人们纺纱织布，使纺织效率大为提高。松江府很快就掌握了先进的纺织技术。松江棉布由原来的粗糙、单一、稀松变得精致、牢固、美观。

松江棉布成为质地优良、远近闻名的畅销品。由于从事棉纺织业的人口激增，松江一度成为全国棉纺业的中心。

深蓝色染料的制作

蓝草

fán lán wǔ zhǒng jiē kě wéi diàn chá lán jí sōng lán chā gēn
凡蓝五种，皆可为淀。茶蓝即菘蓝，插根

huó liǎo lán mǎ lán wú lán děng jiē sǎ zǐ shēng jìn yòu chū liǎo
活。蓼蓝、马蓝、吴蓝等皆撒子生。近又出蓼

lán xiǎo yè zhě sú míng xiàn lán zhǒng gèng jiā
蓝小叶者，俗名苋蓝，种更佳。（《天工开物·彰施》）

大意

用来制作深蓝色染料的植物有五种：茶蓝，也就是菘蓝，插根成活。蓼蓝、马蓝和吴蓝等都是撒种子生长的。有一种小叶的蓼蓝，俗名叫苋蓝，是一种更好的蓝的品种。

▼ 马蓝

制作蓝淀

fán zào diàn yè yǔ jīng duō zhě rù jiào shǎo zhě rù tǒng yǔ
凡造淀，叶与茎多者入窖，少者入桶与
gāng shuǐ jìn qī rì qí zhī zì lái
缸。水浸七日，其汁自来。

（《天工开物·彰施》）

大意

制作蓝淀（深蓝色染料）的时候，叶和茎多的放进窖里，少的放在桶里或缸里。加水浸泡七天，蓝汁就出来了。

měi shuǐ jiāng yí dàn xià shí huī wǔ shēng jiǎo chōng shù shí xià
每水浆一石下石灰五升，搅冲数十下，
diàn xìn jí jié shuǐ xìng dìng shí diàn chén yú dǐ
淀信即结。水性定时，淀沉于底。

（《天工开物·彰施》）

大意

每一石蓝汁，加入五升石灰，搅动几十下，就会凝结成蓝淀。静置后，蓝淀就沉积在底部。

蓝染花布的工艺流程

蓝染是一种古老的印染工艺，最早出现于秦汉时期。

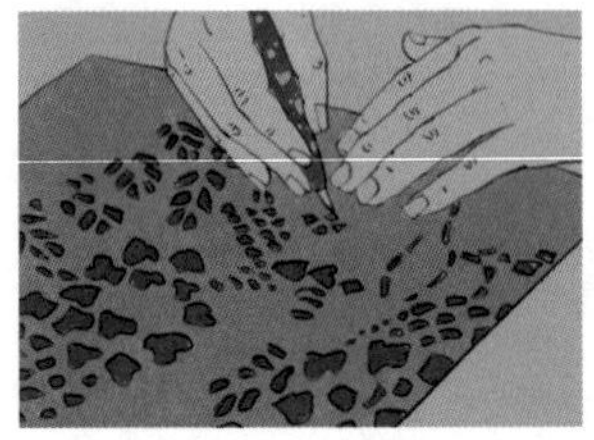

❶ 刻版。用刻刀和铳（chòng）子在油板纸上刻铳图案。

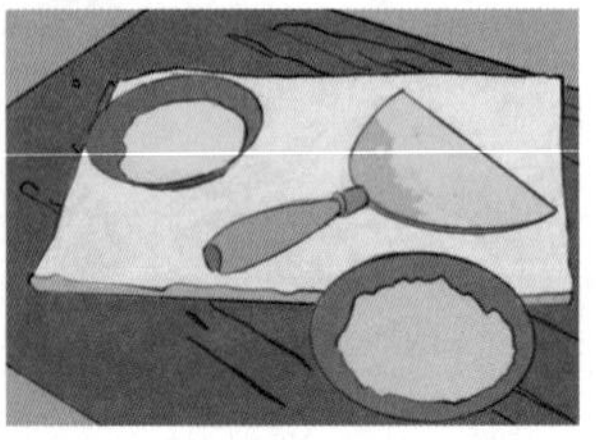

❷ 制白浆。把黄豆粉和石灰粉用水混合成泥浆状。

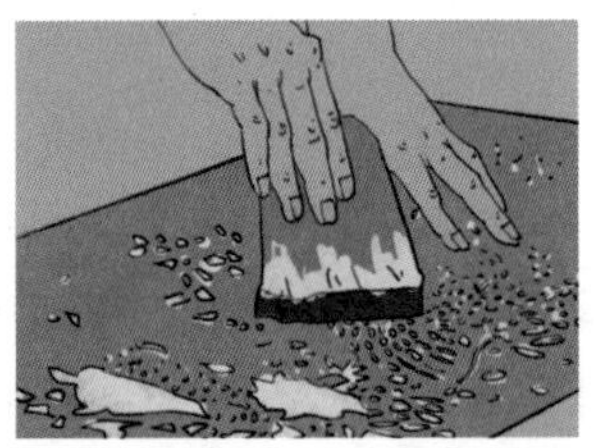

❸ 刮浆。把刻好的花版放在白布上刮浆。

❹ 晒白坯。将涂好白浆的白坯布挂起来晾晒。

❺ 染色。把上浆的布放在水中浸湿变软后下缸染色。

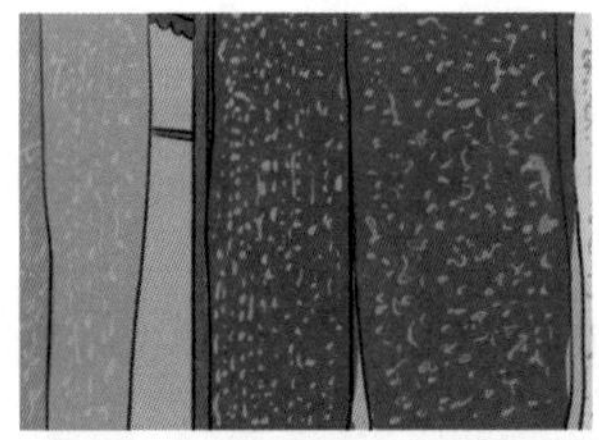

❻ 晒蓝布。将染好的蓝布晾晒透彻。

❼ 刮灰。用刮灰刀刮去晾干后的蓝布上的灰浆。

❽ 晾晒。将布面灰浆和浮色清洗干净后晾干。

红色染料的制作

红花

hóng huā rù xià jí fàng zhàn, huā xià zuò qiú huì, duō cì, huā chū qiú shàng。

红花入夏即放绽，花下作梂汇，多刺，花出梂上。（《天工开物·彰施》）

大意

红花入夏就开花，结出头状花序和苞片，苞片上有许多刺。

cǎi huā zhě bì qīn chén dài lù zhāi qǔ。hóng huā zhú rì fàng zhàn, jīng yuè nǎi jìn。

采花者必侵晨带露摘取。红花逐日放绽，经月乃尽。（《天工开物·彰施》）

大意

采花的人必须在天蒙蒙亮时带露水摘取。红花是逐日开放的，持续一个月才开完。

制作红花饼

ruò rù rǎn jiā yòng zhě, bì yǐ fǎ chéng bǐng rán hòu yòng, zé huáng zhī jìng jìn, ér zhēn hóng nǎi xiàn yě。

若入染家用者，必以法成饼然后用，则黄汁净尽，而真红乃现也。（《天工开物·彰施》）

大意

供染坊用的红花要按照一定的方法先制成饼，把黄汁除尽，真正的红色才能显出来。

dài lù zhāi hóng huā dǎo shú yǐ shuǐ táo bù dài jiǎo qù
带露摘红花，捣熟，以水淘，布袋绞去
huáng zhī yòu dǎo yǐ suān sù huò mǐ gān qīng yòu táo yòu jiǎo dài
黄汁。又捣，以酸粟或米泔清又淘，又绞袋
qù zhī yǐ qīng hāo fù yì xiǔ niē chéng báo bǐng yīn gān shōu zhù
去汁。以青蒿覆一宿，捏成薄饼，阴干收贮。

（《天工开物·彰施》）

大意

把带露水的红花捣烂，用水淘洗，装入布袋中，拧去黄汁。再次捣烂，用发酵的淘米水洗，装入布袋中，拧去汁夜。用青蒿覆盖一晚上，将其捏成薄饼，阴干收藏。

▲ 红花饼

用红花饼制作染料

dà hóng sè qí zhì hóng huā bǐng yí wèi yòng wū méi shuǐ jiān
大红色，其质红花饼一味，用乌梅水煎
chū yòu yòng jiǎn shuǐ dèng shù cì huò dào gǎo huī dài jiǎn gōng yòng
出，又用碱水澄数次。或稻稿灰代碱，功用
yì tóng
亦同。

（《天工开物·彰施》）

大意

大红色是以红花饼为原料，用乌梅水煎出后，再用碱水澄几次。或用稻草灰代替碱，效果一样。

房屋的秘密

说到房屋，我们首先会想到自己温馨的家，它能够为我们遮风挡雨，保暖御寒，房屋还可以为我们提供学习、工作、娱乐等场所。

在距今约六七千年前的新石器时代，房屋主要有两种：一种是以陕西西安半坡遗址为代表的北方半地穴式房屋和地面房屋，另一种是以浙江余姚河姆渡遗址为代表的长江流域及以南地区的干栏式建筑。

随着古代手工技术的不断发展，房屋出现了殿、堂、楼、榭（xiè）等各种形式，与此同时，建造房屋的材料也逐渐发生了变化，竹、木、砖、石等成为建造房屋的主要材料。

下面我们要讲的内容取自《天工开物》的《陶埏（shān）》。《陶埏》详细地记述了瓦和砖的制作过程。人们在长期的实践中，积累了大量的经验，在建筑所用的瓦、砖等基础材料的制作上有了很大进步，无论是选料、成形，还是烧制、垒砌等，各方面的工艺都已非常成熟。通过了解古人的制作工艺，我们不得不叹服他们的智慧。比如在瓦的制作中，他们根据瓦的不同位置铺设不同种类的瓦，使它们既美观又发挥了自己独特的作用；在砖的垒砌时也根据不同的需要采用不同的方法。正是这些精妙的设计向我们展示了古代建筑的美。

瓦的烧制和种类

烧制瓦片

凡埏泥造瓦，堀地二尺余，择取无沙粘土而为之。（《天工开物·陶埏》）

大意

造瓦用的泥要从地下两尺多深的地方挖取，选择没有沙子的黏土来制造。

凡民居瓦形皆四合分片。先以圆桶为模骨，外画四条界。调践熟泥，叠成高长方条。然后用铁线弦弓，线上空三分，以尺限定，向泥不平戛一片，似揭纸而起，周包圆桶之上。（《天工开物·陶埏》）

大意

普通房屋用的瓦是四片合在一起制作的。要先做一个圆桶状的模型，在桶的外壁上画四条线。然后把挖取的黏土踩成熟泥，堆成长

方体的泥墩，用铁线做的弦弓从泥墩上割下一片三分厚的陶泥，像揭纸那样把它揭下来，将陶泥包在圆桶模型的外壁上。

dài qí shāo gān tuō mó ér chū zì rán liè wéi sì piàn

待其稍干，脱模而出，自然裂为四片。

（《天工开物·陶埏》）

大意

等陶泥稍微干的时候就可以脱模了，脱模后陶泥会自然裂成四片瓦坯。

fán pī jì chéng gān zào zhī hòu zé duī jī yáo zhōng rán xīn jǔ huǒ huò yí zhòu yè huò èr zhòu yè shì táo zhōng duō shǎo wéi xī huǒ jiǔ zàn

凡坯既成，干燥之后，则堆积窑中，燃薪举火，或一昼夜，或二昼夜，视陶中多少为熄火久暂。

（《天工开物·陶埏》）

大意

瓦坯干燥成形以后，要规则地堆砌在窑内，之后点火烧柴，有烧一昼夜的，有烧两昼夜的，烧的时间长短要根据瓦坯数量的多少来定。

不同种类的瓦

qí chuí yú yán duān zhě yǒu dī shuǐ xià yú jǐ yán zhě yǒu yún
其垂于檐端者有滴水，下于脊沿者有云
wǎ wǎ yǎn fù jǐ zhě yǒu bào tóng zhèn jǐ liǎng tóu zhě yǒu niǎo shòu zhū
瓦，瓦掩覆脊者有抱同，镇脊两头者有鸟兽诸
xíng xiàng
形象。

（《天工开物·陶埏》）

大意

不同位置的瓦有各自的名称，垂在檐端的叫作“滴水”，用在屋脊两边的叫作“云瓦”，覆盖屋脊的叫作“抱同”，装饰屋脊两头的有各种陶鸟陶兽。

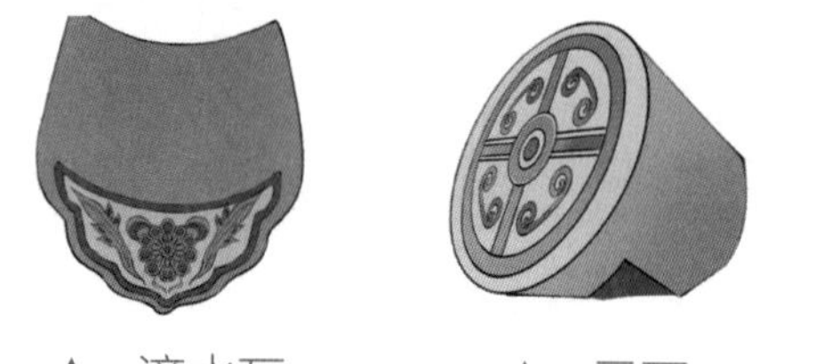

▲ 滴水瓦　▲ 云瓦

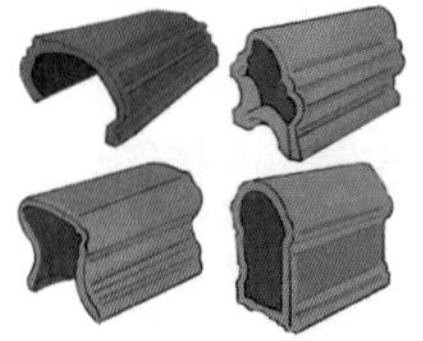

▲ 抱同瓦

▲ 屋脊兽

ruò huáng jiā gōng diàn suǒ yòng dà yì yú shì qí zhì wéi liú
若皇家宫殿所用，大异于是，其制为琉
lí wǎ zhě huò wéi bǎn piàn huò wéi wǎn tǒng yǐ yuán zhú yǔ zhuó mù
璃瓦者，或为板片，或为宛筒。以圆竹与斫木
wéi mó zhú piàn chéng zào
为模，逐片成造。

（《天工开物·陶埏》）

大意

皇家宫殿所用的与民用的大不相同，如琉璃瓦，有板片形的，也有半圆筒形的，这些都是用圆竹筒或木块做模，逐片成形的。

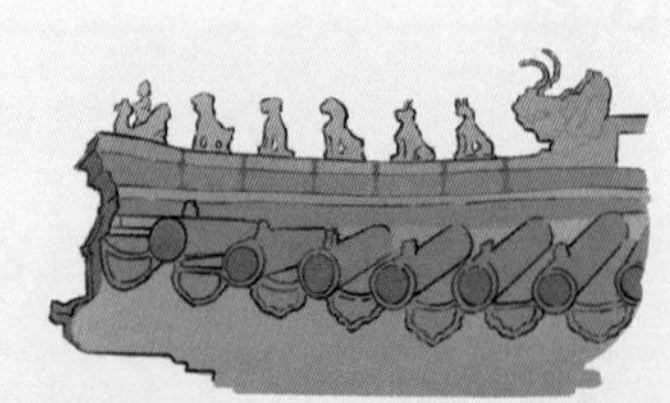

zào chéng xiān zhuāng rù liú lí yáo nèi měi chái wǔ qiān jīn shāo
造成，先装入琉璃窑内，每柴五千斤烧

wǎ bǎi piàn qǔ chū chéng sè yǐ wú míng yì zōng lǘ máo děng jiān
瓦百片。取出，成色，以无名异、棕榈毛等煎

zhī tú rǎn chéng lǜ dài zhě shí sōng xiāng pú cǎo děng tú rǎn chéng
汁涂染成绿黛，赭石、松香、蒲草等涂染成

huáng zài rù bié yáo jiǎn shā xīn huǒ bī chéng liú lí bǎo sè
黄。再入别窑，减杀薪火，逼成琉璃宝色。

（《天工开物·陶埏》）

大意

瓦坯造成后，先装入琉璃窑内，每烧一百片瓦要用五千斤柴。烧后取出来上釉色，用无名异和棕榈毛等煮成的汁涂成蓝黑色，用赭石、松香、蒲草等涂成黄色。再装入另一个窑中，用较低窑温烧成带有琉璃光泽的漂亮色彩。

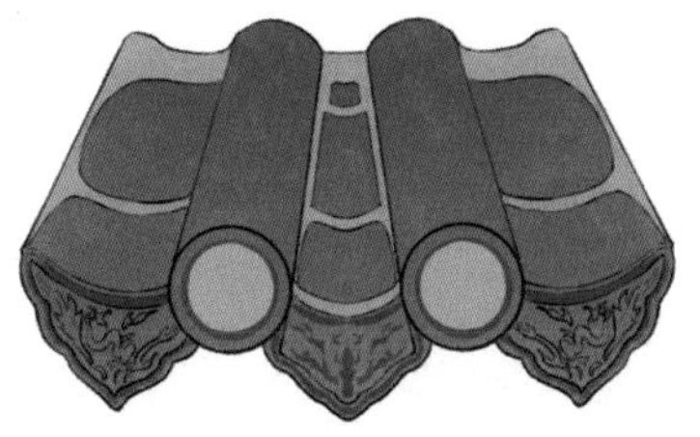

▲ 蓝黑色琉璃瓦

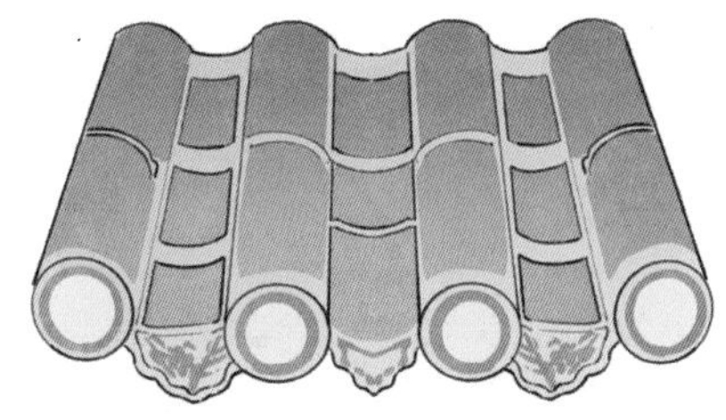

▲ 黄色琉璃瓦

瓦当（dāng）艺术

瓦当是中国古建筑的重要构件，起着保护木制飞檐和美化屋面轮廓的作用。

瓦当上面的纹饰图案丰富优美，有动物、植物、文字等，是精致的艺术品，属于中国特有的文化艺术遗产。

▲ 龙纹瓦当

▲ 莲花瓦当

▲ 云纹瓦当

▲ 长乐未央瓦当

砖的烧制和砌法

烧制砖

fán shān ní zào zhuān, jiē yǐ nián ér bù sǎn、fěn ér bù shā zhě wéi shàng。

凡埏泥造砖，皆以粘而不散、粉而不沙者为上。（《天工开物·陶埏》）

大意

造砖的泥最好选用黏而不散、土质细腻且没有沙子的黏土。

jí shuǐ zī tǔ, rén zhú shù niú cuò zhǐ, tà chéng chóu ní, rán hòu tián mǎn mù kuāng zhī zhōng, tiě xiàn gōng jiá píng qí miàn, ér chéng pī xíng。

汲水滋土，人逐数牛错趾，踏成稠泥，然后填满木匡之中，铁线弓戛平其面，而成坯形。（《天工开物·陶埏》）

大意

先用水浸润泥土，再赶几头牛去践踏，踏成稠泥，然后把泥填满木质的模子中，用铁线弓把表面削平，脱模后就成了砖坯。

fán zhuān chéng pī zhī hòu zhuāng rù yáo zhōng suǒ zhuāng bǎi jūn
凡砖成坯之后，装入窑中，所装百钧
zé huǒ lì yí zhòu yè èr bǎi jūn zé bèi shí ér zú fán shāo zhuān
则火力一昼夜，二百钧则倍时而足。凡烧砖
yǒu chái xīn yáo yǒu méi tàn yáo yòng xīn zhě chū huǒ chéng qīng hēi
有柴薪窑，有煤炭窑。用薪者出火成青黑
sè yòng méi zhě chū huǒ chéng bái sè fán chái xīn yáo diān shàng piān
色，用煤者出火成白色。凡柴薪窑，巅上偏
cè záo sān kǒng yǐ chū yān huǒ zú zhǐ xīn zhī hòu ní gù sāi qí
侧凿三孔以出烟，火足止薪之候，泥固塞其
kǒng rán hòu shǐ shuǐ zhuǎn yòu
孔，然后使水转釉。

（《天工开物·陶埏》）

大意

砖坯做好后就可以装入窑中烧制了，每装百钧砖要烧一昼夜，二百钧砖要烧两昼夜。烧砖用柴薪窑或煤炭窑。用柴烧成的砖呈青灰色，用煤烧成的砖呈浅白色。柴薪窑顶上偏侧凿有三个出烟孔，当火候到了，不需要烧柴时，就用泥封住出烟孔，然后在窑顶浇水进行“转釉”，里面的砖就会变成青灰色。

ruò méi tàn yáo shì chái yáo shēn yù bèi zhī qí shàng yuán jū jiàn
若煤炭窑视柴窑深欲倍之，其上圆鞠渐
xiǎo bìng bù fēng dǐng qí nèi yǐ méi zào chéng chǐ wǔ jìng kuò bǐng měi
小，并不封顶。其内以煤造成尺五径阔饼，每

méi yì céng gé zhuān yì céng wěi
煤一层，隔砖一层，苇

xīn diàn dì fā huǒ
薪垫地发火。

（《天工开物·陶埏》）

大意

煤炭窑比柴薪窑要深一倍，顶上圆拱逐渐缩小，不用封顶。窑内放直径一尺五寸的煤饼，每放一层煤饼，就放一层砖坯，最下层垫上芦苇柴草以便引火烧窑。

眠砖和侧砖

fán jùn yì chéng zhì mín jū yuán qiáng suǒ yòng zhě yǒu mián
凡郡邑城雉、民居垣墙所用者，有眠

zhuān cè zhuān liǎng sè mián zhuān fāng cháng tiáo qì qì chéng guō
砖、侧砖两色。眠砖方长条砌。砌城郭

yǔ mín rén ráo fù jiā bù xī gōng fèi zhí dié ér shàng mín jū suàn
与民人饶富家，不惜工费，直叠而上。民居算

jì zhě zé yì mián zhī shàng shī cè zhuān yí lù tián tǔ lì qí
计者，则一眠之上，施侧砖一路，填土砾其

zhōng yǐ shí zhī
中以实之。

（《天工开物·陶埏》）

大意

砌郡县城墙和民房院墙时有眠砖和侧砖两种砌法。眠砖是卧着方

长条状砌的，砌城墙和有钱人家砌墙壁，不惜工本，就用眠砖一个一个叠砌上去。精打细算的居民，是在一层眠砖上面砌两行侧砖，中间用泥土瓦砾等填实。

博物知识馆

瓷器：古代劳动人民的重要创造

在七八千年前的新石器时代，我们的祖先就掌握了烧制陶器的技术。随着社会的发展和制作技术不断进步，人们在陶器的基础上又创造出了举世闻名的瓷器。

在商周时期，古人发现了制作瓷器的原料高岭土，还初步掌握了釉药的原材料，制成了原始青瓷器。唐朝的陶瓷工艺达到了一个新的高峰，特别是“唐三彩”陶瓷，其鲜艳的色彩和生动的造型受到广泛欢迎。进入宋元时期，陶瓷制作技术更加成熟，出现了“汝窑”“官窑”等著名窑口。到了明朝，制瓷手工业进一步发展，不但窑数和产量有所增加，技术上也有重大突破。

《天工开物》的作者宋应星认为陶瓷之所以能成为雅器，有两个必须具备的条件：一是由自然界形成的瓷土制成，二是能工巧匠的精湛技艺。由此可见，陶瓷正是人法自然开创万物的杰出代表。

如何把木头变成船和车

船和车在我们的日常生活中十分常见，相对于车来说，船在水系发达的南方或沿海地区比较常见，也是远洋运输的主要方式。

宋应星在《天工开物》的《舟车》卷首写道："浮海长年，视万顷波如平地，此与列子所谓御泠风者无异。传所称奚仲之流，倘所谓神人者，非耶?"他连续借用了列子御风和奚仲造车两个典故，说明他对发明船和车的先人十分尊重，在致敬中还带有一些中国传统式的浪漫。

据记载，船和车在中国出现得很早。中国河流众多，海岸线长，在七千多年前就出现了独木舟。明朝时，郑和率使团七下西洋，证明了当时我国的造船技术和航海技术已经处于世界先进水平。关于车的出现，《左传》《墨子》《荀子》等文献都认为车是夏朝时创制的。

本章我们要讲的内容取自《天工开物》的《舟车》。在这一卷的"漕舫"一节，作者从造船的角度说明了漕舫的整体结构及各部分名称和作用，为大家真实详尽地再现了造船的全过程。书中还较为全面地介绍了南方和北方的马车、牛车、推车等各种形制的车，让我们对古代的车有了较为全面的了解。

各种各样的船

独木舟

fán zhōu gǔ míng bǎi qiān jīn míng yì bǎi qiān huò yǐ xíng míng
凡舟古名百千，今名亦百千。或以形名，
rú hǎi qiū jiāng biān shān suō zhī lèi huò yǐ liàng míng huò yǐ zhì
如海鳅、江鳊、山梭之类，或以量名，或以质
míng bù kě dān shù yóu hǎi bīn zhě dé jiàn yáng chuán jū jiāng méi
名，不可殚述。游海滨者得见洋船，居江湄
zhě dé jiàn cáo fǎng ruò jú cù shān guó zhī zhōng lǎo
者得见漕舫，若局趣（同“促”）山国之中，老
sǐ píng yuán zhī dì suǒ jiàn zhě yí yè piān zhōu jié liú luàn fá ér
死平原之地，所见者一叶扁舟、截流乱筏而
yǐ
已。

（《天工开物·舟车》）

大意

船的称呼古今有千百种，有的按船的形状命名，如海鳅、江鳊、山梭之类。有的按载重量命名，有的按船的材质命名，多到说不完。生活在海边的人可以见到远洋船，生活在江边的人可以见到漕舫，如果长期生活在山区或平原的人，就只能见到独木舟和筏子了。

▼ 筏子

▲ 独木舟

漕运工具——漕舫

fán jīng shī wéi jūn mín jí qū wàn guó shuǐ yùn yǐ gōng chǔ cáo
凡京师为军民集区，万国水运以供储，漕
fǎng suǒ yóu xīng yě
舫所由兴也。（《天工开物·舟车》）

大意

京都是军民聚集的地方，全国各地都要利用水运向它供应物资，漕舫就这样兴盛起来了。

píng jiāng bó chén mǒu shǐ zào píng dǐ qiǎn chuán zé jīn liáng
平江伯陈某，始造平底浅船，则今粮
chuán zhī zhì yě fán chuán zhì dǐ wéi dì fāng wéi gōng qiáng yīn
船之制也。凡船制，底为地，枋为宫墙，阴
yáng zhú wéi fù wǎ fú shī qián wéi fá yuè hòu wéi qǐn táng wéi
阳竹为覆瓦；伏狮，前为阀阅，后为寝堂；桅
wéi gōng nǔ xián péng wéi yì lǔ wéi chē mǎ tán qiàn wéi lǚ xié
为弓弩弦，篷为翼；橹为车马；簟纤为履鞋，
yù suǒ wéi yīng diāo jīn gǔ zhāo wéi xiān fēng duò wéi zhǐ huī zhǔ shuài
繂索为鹰雕筋骨；招为先锋，舵为指挥主帅；
máo wéi zhā jūn yíng zhài
锚为扎军营寨。

（《天工开物·舟车》）

◀ 漕舫

大意

当时苏州的布政使陈某，最先造平底浅船，这就是后来的运粮船。这种船，船底相当于房屋的地板，船身相当于墙壁，上面的阴阳竹相当于屋顶；船头和船尾顶端的大横木叫“伏狮”，船头的头伏狮相当于屋前的门楼柱，船尾的梢伏狮相当于寝室；桅杆像弓弩的弦，风帆像弓弩的翼；橹好比拉车的马；拉船的缆索好比鞋子；系铁锚的粗缆好比鹰、雕的筋骨；船头第一排桨好比开路先锋，船尾的舵则为指挥的主帅；锚是安营扎寨时用的。

fán chuán péng qí zhì nǎi xī miè chéng piàn zhī jiù jiā wéi zhú
凡船篷，其质乃析篾成片织就，夹维竹
tiáo zhú kuài zhé dié yǐ sì xuán guà fán fēng péng zhī lì qí
条，逐块折叠，以俟悬挂。凡风篷之力，其
mò yí yè dí qí běn sān yè tiáo yún hé chàng shùn fēng zé jué dǐng
末一叶，敌其本三叶。调匀和畅，顺风则绝顶
zhāng péng xíng jí bēn mǎ ruò fēng lì jiàn
张篷，行疾奔马；若风力洊（同“存”，接连）
zhì zé yǐ cì jiǎn xià kuáng shèn zé zhǐ dài yì liǎng yè ér yǐ
至，则以次减下。狂甚，则只带一两叶而已。

（《天工开物·舟车》）

大意

风帆用篾片编织，每编织成一块就要夹进一根篷挡竹，这样可以逐块折叠，以备悬挂。风帆顶上一叶的风力抵得上底下三叶的风力。风帆调节顺当，顺风时把帆全部扬起来，船就快如奔马；如果风力不断增大，就要逐渐减少帆叶。风力特别大时，一两叶风帆就够了。

fán chuán xìng suí shuǐ ruò cǎo cóng fēng gù zhì duò zhàng shuǐ
凡船性随水，若草从风，故制舵障水，
shǐ bú dìng xiàng liú duò bǎn yì zhuǎn yì hóng cóng zhī fán duò lì
使不定向流，舵板一转，一泓从之。凡舵力
suǒ zhàng shuǐ xiāng yìng jí chuán tóu ér zhǐ qí fù dǐ zhī xià yǎn
所障水，相应及船头而止，其腹底之下，俨
ruò yí pài jí shùn liú gù chuán tóu bù yuē ér zhèng qí jī miào bù
若一派急顺流，故船头不约而正，其机妙不
kě yán duò shàng suǒ cāo bǐng míng yuē guān mén bàng yù chuán běi
可言。舵上所操柄，名曰关门棒，欲船北，
zé nán xiàng liè zhuǎn yù chuán nán zé běi xiàng liè zhuǎn
则南向捩转；欲船南，则北向捩转。

（《天工开物·舟车》）

大意

船顺水漂流，就好像草随着风摆动一样，所以要用舵来挡水，使水不按原来的方向流动。舵板一转，就引起一股水流。舵板所挡的水，流到船头为止，这时船底下的水，好像一股急流，所以船头就能跟着舵自然而然地转到一定方向，这真是妙不可言。舵上的操纵杆叫关门棒，如果要让船头向北，就将关门棒推向南；要让船头向南，就将关门棒向北推。

fán tiě máo suǒ yǐ chén shuǐ xì zhōu yì liáng chuán jì yòng wǔ liù
凡铁锚所以沉水系舟。一粮船计用五六
máo zuì xióng zhě yuē kān jiā máo zhòng wǔ bǎi jīn nèi wài qí yú tóu
锚，最雄者曰看家锚，重五百斤内外，其余头
yòng èr zhī shāo yòng èr zhī fán zhōng liú yù nì fēng bù kě qù
用二枝，梢用二枝。凡中流遇逆风，不可去，

yòu bù kě bó zé xià máo chén shuǐ dǐ qí suǒ xì yù chán rào jiāng
又不可泊，则下锚沉水底，其所系律缠绕将

jūn zhù shàng máo zhuǎ yí yù ní shā kòu dǐ zhuā zhù shí fēn wēi
军柱上，锚爪一遇泥沙，扣底抓住。十分危

jí zé xià kān jiā máo
急，则下看家锚。

（《天工开物·舟车》）

大意

铁锚的作用是沉到水底从而把船系住。一只粮船共有五六个锚，最大的重达五百斤左右，叫看家锚，其余的锚在船头、船尾各有两个。当船在行进中遇逆风，不能前进也不能靠岸停泊，就把锚抛进水底，把系锚的缆索缠绕在将军柱上，锚爪一接触到泥沙，就能陷进泥里抓住。如果情况十分危急，就抛下看家锚。

博物知识馆

京杭大运河

提起漕河，我们最先想到了京杭大运河，京杭大运河始建于春秋时期，是世界上里程最长、工程最大的古代运河，也是最古老的运河之一，并且使用至今。

大运河南起余杭（今杭州），北到涿郡（今北京），全长约1794公里，途经今浙江、江苏、山东、河北四省及天津、北京两市，贯通海河、黄河、淮河、长江、钱塘江五大水系。大运河对中国南北地区之间的经济、文化发展与交流起到了巨大作用。

2002年，大运河被纳入“南水北调”东线工程。2014年6月22日，大运河项目成功入选《世界文化遗产名录》。

海运工具——海舟

fán hǎi zhōu　yuán cháo yǔ guó chū yùn mǐ zhě yuē zhē yáng qiǎn chuán
凡海舟，元朝与国初运米者曰遮洋浅船，

cì zhě yuē zuàn fēng chuán　jí hǎi qiū
次者曰钻风船，即海鳅。（《天工开物·舟车》）

大意

元朝和明初运米的海船叫遮洋浅船，比它小一点的叫钻风船，也叫作海鳅（像泥鳅一样灵活）。

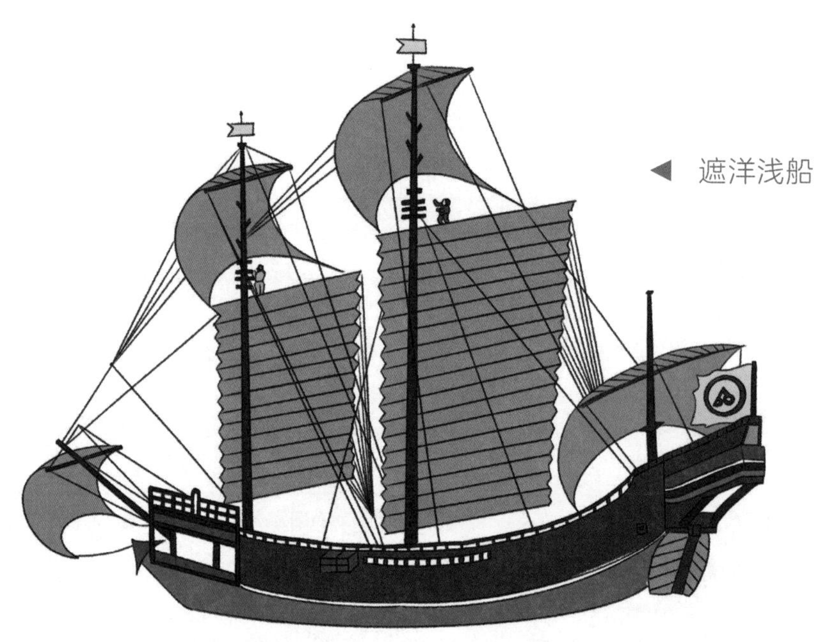

◀ 遮洋浅船

fán hǎi zhōu　yǐ zhú tǒng zhù dàn shuǐ shù dàn　duó gōng zhōu nèi
凡海舟，以竹筒贮淡水数石，度供舟内

rén liǎng rì zhī xū　yù dǎo yòu jí　qí hé guó hé dǎo hé yòng hé xiàng
人两日之需，遇岛又汲。其何国何岛合用何向，

zhēn zhǐ shì zhāo rán　kǒng fēi rén lì suǒ zǔ
针指示昭然，恐非人力所祖。（《天工开物·舟车》）

大意

海船出海时，要用竹筒储备几百斤淡水，预计可供船上的人饮用两天，遇到岛屿，还要再补充淡水。无论到哪个国家、哪个岛屿，需要按什么方向行驶，船上的罗盘针都能够明确指示，不是光靠人的经验能够掌握的。

duò gōng yì qún zhǔ zuǒ　zhí shì shí lì zào dào sǐ shēng hún wàng dì　fēi gǔ yǒng zhī wèi yě

舵工一群主佐，直是识力造到死生浑忘地，非鼓勇之谓也。（《天工开物·舟车》）

大意

舵工们在海上航行都是相互配合操纵海船，他们的见识和魄力到了将生死置之度外的境地，这可不是凭借一时之勇就能做到的。

博物知识馆

郑和下西洋：非同寻常的海上探险

郑和下西洋是明代永乐、宣德年间的一场海上远航活动，首次航行始于永乐三年（1405），末次航行结束于宣德八年（1433），共计七次。

在七次航行中，郑和率领船队从南京出发，远航西太平洋和印度洋，拜访了30多个国家和地区，已知最远到达东非、红海。宣德八年（1433）四月，郑和在印度西海岸古里国去世。

郑和下西洋是中国古代规模最大、船只和海员最多、时间最久的海上航行，也是15世纪末欧洲地理大发现航行以前世界历史上规模最大的一系列海上探险。

车的种类和构造

骡马车

fán luó chē zhī zhì yǒu sì lún zhě yǒu shuāng lún zhě qí
凡骡车之制，有四轮者，有双轮者，其
shàng chéng zài zhī jià jiē cóng zhóu shàng chuān dǒu ér qǐ sì lún zhě
上承载支架，皆从轴上穿斗而起。四轮者
qián hòu gè héng zhóu yì gēn zhóu shàng duǎn zhù qǐ jià zhí liáng liáng shàng
前后各横轴一根，轴上短柱起架直梁，梁上
zài xiāng mǎ zhǐ tuō jià zhī shí qí shàng píng zhěng rú jū wū ān
载箱。马止脱驾之时，其上平整，如居屋安
wěn zhī xiàng ruò liǎng lún zhě jià mǎ xíng shí mǎ yè qí qián zé
稳之象。若两轮者，驾马行时，马曳其前，则
xiāng dì píng zhèng tuō mǎ zhī shí zé yǐ duǎn mù cóng dì zhī chēng ér
箱地平正；脱马之时，则以短木从地支撑而
zhù bù rán zé qī xiè yě
住，不然则攲卸也。

（《天工开物·舟车》）

大意

骡马车的样式有四轮的，也有双轮的，车的承载支架都是起于轴上。四轮骡车，前两轮和后两轮各有一根横轴，轴上竖起的短柱上面架着纵梁，纵梁又承载着车厢。当停马脱驾时，车厢能够保持平正，就像坐在房子里那样安稳。两轮的骡车，行车时马在前头拉，车厢就平正；而停马脱驾时，就用短木抵住地面来支撑，否则车会倾倒。

fán chē lún yì yuē yuán sú míng chē tuó qí dà chē zhōng gǔ
凡车轮一曰辕，俗名车陀。其大车中毂，
sú míng chē nǎo cháng yì chǐ wǔ cùn suǒ wèi wài shòu fú zhōng guàn
俗名车脑，长一尺五寸。所谓外受辐、中贯

zhóu zhě fú jì sān shí piàn qí nèi chā gǔ qí wài jiē fǔ chē
轴者。辐计三十片，其内插毂，其外接辅。车

lún zhī zhōng nèi jí fú wài jiē wǎng yuán zhuàn yì quān zhě shì
轮之中，内集辐，外接辋，圆转一圈者，是

yuē fǔ yě wǎng jì jìn tóu zé yuē lún yuán yě
曰辅也。辋际尽头，则曰轮辕也。

（《天工开物·舟车》）

大意

骡马车的车轮叫作辕，俗名叫车陀。车轮中心装轴的圆木叫作毂，俗名叫车脑，长一尺五寸，它是中穿车轴外接辐条的部件。辐条通常有三十片，内端连接毂，外端接车轮的内缘（辅）。内缘是圆形的，朝里集合着辐条，朝外接着辋（车轮周围的框子）。辋外边是整个车轮最外周，叫作轮辕。

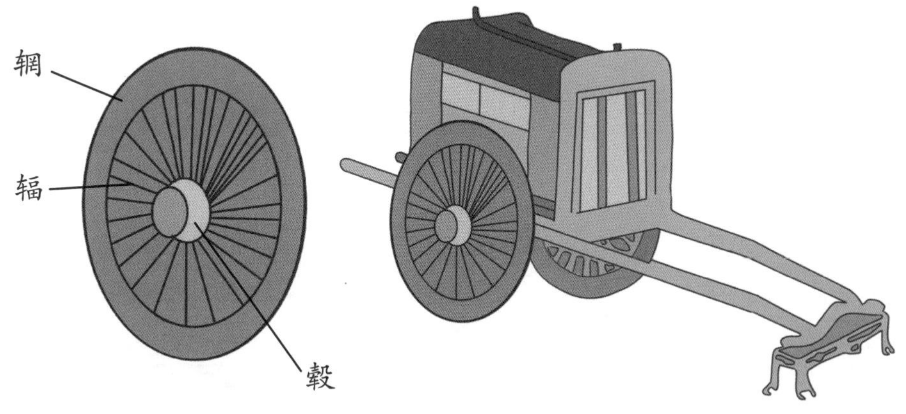

fán sì lún dà chē liàng kě zài wǔ shí dàn luó mǎ duō zhě huò
凡四轮大车，量可载五十石，骡马多者或

shí èr guà huò shí guà shǎo yì bā guà zhí biān zhǎng yù zhě jū xiāng
十二挂或十挂，少亦八挂。执鞭掌御者居箱

zhī zhōng lì zú gāo chù jiū huáng má wéi cháng suǒ fēn xì mǎ xiàng
之中，立足高处。纠黄麻为长索，分系马项，

hòu tào zǒng jié shōu rù héng nèi liǎng páng zhǎng yù zhě shǒu
后套总结收入衡内两傍（同“旁”）。掌御者手

zhí cháng biān chá shì bú lì zhě biān jí qí shēn xiāng nèi yòng èr
执长鞭，察视不力者，鞭及其身。箱内用二

rén chuài shéng xū shí mǎ xìng yǔ suǒ xìng zhě wéi zhī mǎ xíng tài jǐn
人踹绳，须识马性与索性者为之。马行太紧，

zé jí qǐ chuài shéng fǒu zé fān chē zhī huò cóng cǐ qǐ yě fán chē
则急起踹绳，否则翻车之祸从此起也。凡车

xíng shí yù qián tú xíng rén yīng bì zhě zé zhǎng yù zhě jí yǐ shēng
行时，遇前途行人应避者，则掌御者急以声

hū zé qún mǎ jiē zhǐ
呼，则群马皆止。

（《天工开物·舟车》）

大意

四轮大马车承载量是五十石，所用骡马，多的有十二匹或十匹，少的也有八匹。驾车人站在车厢中的高处掌鞭。用黄麻拧成的长绳分别系住马头，收拢成两束，并穿过车前中部的横木进入箱内的左右两边。驾车人手拿长鞭，看到有不卖力气的马，就挥鞭打它。车厢内有两个识马性和会掌握缰绳的人负责踩绳。如果马跑得太快，就要立即

踩住缰绳，否则可能翻车。车行时，如果前面遇到行人而要停车让路，驾车人立即发出吆喝声，马就会停下来。

牛车

qí jià niú wéi jiào chē zhě dú shèng zhōng zhōu liǎng páng
其驾牛为轿车者，独盛中州。两傍（同

shuāng lún zhōng chuān yì zhóu qí fēn cùn píng rú shuǐ héng
“旁”）双轮，中穿一轴，其分寸平如水。横

jià duǎn héng liè jiào qí shàng rén kě ān zuò tuō jià bù qī
架短衡，列轿其上，人可安坐，脱驾不攲。

（《天工开物·舟车》）

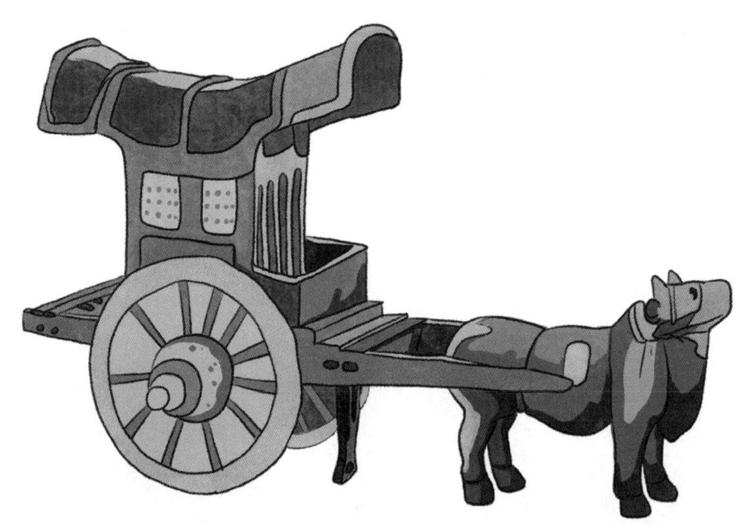

大意

还有一种用牛拉的轿车，在河南一带最多。两旁有双轮，中间穿过一条轴，这条轴装得非常平。再架起几根短横木，轿就架在上面，人在轿中坐着很安稳，牛停下来脱驾时车也不会倾倒。

独轮车

bĕi fāng dú yuán chē rén tuī qí hòu lǘ yè qí qián xíng rén
北方独辕车，人推其后，驴曳其前。行人
bú nài qí zuò zhě zé gù mì zhī rén bì liǎng páng
不耐骑坐者，则雇觅之。人必两傍（同“旁”）
duì zuò fǒu zé qī dǎo qí nán fāng dú lún tuī chē zé yì rén zhī
对坐，否则攲倒。其南方独轮推车，则一人之
lì shì shì róng zài èr dàn yù kǎn jí zhǐ zuì yuǎn zhě zhǐ dá bǎi
力是视，容载二石，遇坎即止，最远者止达百
lǐ ér yǐ
里而已。

（《天工开物·舟车》）

大意

北方有一种独辕车，人在后面推，驴子在前面拉。不能持久骑坐牲口的旅客常常雇用这种车。旅客乘坐独辕车要两边对坐，不然车子会倾倒。南方的独轮推车，靠一个人推，可以载重两石，但遇到坎坷不平的路就过不去了，最远能走一百里。

▲ 双缱独辕车

▲ 独轮推车

神奇的工艺

中国有着几千年的悠久历史，在历史的长河中有很多神奇的工艺可谓中华民族的瑰宝。后母戊（wù）鼎、四羊方尊等诸多重器的铸造技艺，春秋时期已经使用的锻打钢剑的锤锻技艺，火药、造纸术等影响世界文明进程的四大发明……这些在当时都代表着世界最为先进的工艺水平。

然而，在社会飞速发展的今天，这些神奇的工艺却迎来了各自不同的命运，有些在现代化改革中转变为机械加工，有些只能在其有限的地域默默传承，有些已经跟不上时代的脚步而濒临失传。

面对传承环境不佳、保护现状堪忧等实际情况，为进一步加强文化遗产保护，继承和弘扬中华民族优秀传统文化，我国推行了系列的物质类和非物质类文化遗产保护措施。

本章我们要讲的内容取自《天工开物》的《燔（fán）石》《五金》《冶铸》《锤锻》《杀青》和《珠玉》。这些内容系统而详细地介绍了令人叹为观止的各种古代工艺和相关工具设施，带领我们穿越历史，感受这些令世界瞩目的工艺技术的神奇之处。

石灰是怎么形成的

烧炼石灰

fán shí huī jīng huǒ fén liàn wéi yòng chéng zhì zhī hòu rù shuǐ
凡石灰，经火焚炼为用。成质之后，入水

yǒng jié bú huài shí yǐ qīng sè wéi shàng huáng bái cì zhī
永劫不坏。石以青色为上，黄白次之。

（《天工开物·燔石》）

大意

石灰是石灰石经火烧炼形成的。石灰形成之后，与水混合起来后非常结实。可供烧炼石灰的石头青色的最好，黄白色的差一些。

fán huī huǒ liào méi tàn jū shí jiǔ xīn tàn jū shí yī xiān
燔灰火料，煤炭居十九，薪炭居十一。先

qǔ méi tàn ní huó zuò chéng bǐng měi méi bǐng yì céng dié shí yì
取煤炭，泥和做成饼，每煤饼一层，叠石一

céng pū xīn qí dǐ zhuó huǒ fán
层，铺薪其底，灼火燔

zhī
之。（《天工开物·燔石》）

大意

烧炼石灰的燃料，煤炭占十分之九，柴炭占十分之一。先把煤掺泥做成煤饼，然后一层煤饼一层石相间堆砌，底下铺柴点燃煅烧。

huǒ lì dào hòu shāo sū shí xìng zhì yú fēng zhōng jiǔ zì chuī
火力到后，烧酥石性。置于风中，久自吹
huà chéng fěn jí yòng zhě yǐ shuǐ wò zhī yì zì jiě sàn
化成粉。急用者以水沃之，亦自解散。

（《天工开物·燔石》）

大意

烧炼的火候到了以后，石灰石就会变脆，在空气中会慢慢风化成粉。如果着急使用，也可以在上面洒水，它也会自动散开。

石灰的用途

fán huī yòng yǐ gù zhōu fèng zé tóng yóu yú yóu tiáo hòu juàn
凡灰用以固舟缝，则桐油、鱼油调厚绢、
xì luó huò yóu chǔ qiān xià sāi niàn
细罗，和油，杵千下，塞艌。（《天工开物·燔石》）

大意

把石灰用桐油、鱼油调拌后，加上厚绢、细罗，舂烂后可以用来塞补船缝。

yòng yǐ qì qiáng shí zé shāi qù shí kuài shuǐ tiáo nián hé zhòu
用以砌墙石，则筛去石块，水调粘合；甃
màn zé réng yòng yóu huī yòng yǐ è qiáng bì zé dèng guò rù
墁，则仍用油灰。用以垩墙壁，则澄过，入
zhǐ jīn tú màn
纸筋涂墁。

（《天工开物·燔石》）

石灰用来砌墙，可以筛去石块，再用水调和。如果是用来涂饰物品，还是要用油灰。如果将石灰水澄清，再加入纸筋，可以用来粉刷墙壁。

生活小科普

石灰干燥剂

石灰干燥剂的主要成分为氧化钙，它的吸水能力是通过化学反应来实现的。石灰干燥剂吸水后，生石灰就变成了消石灰（氢氧化钙），是不可重复利用的。

无论外界环境湿度高低，石灰干燥剂都能保持大于自重35%的吸湿能力，更适合低温保存，而且价格较低，被广泛用于食品、服装、茶叶、皮革、制鞋、电器等行业。

关于石灰干燥剂，有几点需要大家注意：

一是石灰干燥剂的主要原料生石灰与水反应会发热，要小心烧伤，并且严禁将石灰干燥剂抛弃到水分多的地方，防止发生不必要的火灾。

二是消石灰是无毒的，是可以用于食品添加剂的物质。但是其水溶液有强碱性，会刺激黏膜，误食后可喝蛋清或牛奶，然后就医。

煤炭的种类和开采

煤炭的种类

煤有三种：有明煤、碎煤、末煤。明煤大块如斗许，燕、齐、秦、晋生之。不用风箱鼓扇，以木炭少许引燃，熯炽达昼夜。其傍（同“旁”）夹带碎屑，则用洁净黄土调水作饼而烧之。

（《天工开物·燔石》）

大意

煤大致有三种：明煤、碎煤和末煤。明煤块头大，有的像米斗那样大，产于河北、山东、陕西、山西。明煤不需要用风箱鼓风，只需少量木炭就能引燃，能日夜炽热燃烧。它的碎屑可以和干净的黄土调水做成煤饼来烧。

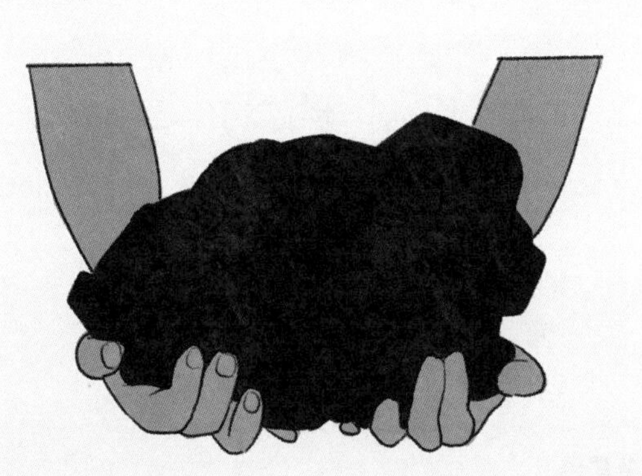

碎煤有两种，多生吴、楚。炎（同“焰”）高者曰饭炭，用以炊烹；炎（同“焰”）平者曰

tiě tàn yòng yǐ yě duàn rù lú xiān yòng shuǐ wò shī bì yòng gǔ
铁炭，用以冶煅。入炉先用水沃湿，必用鼓
bài hòu hóng yǐ cì zēng tiān ér yòng
鞴后红，以次增添而用。（《天工开物·燔石》）

大意

碎煤有两种，多产于江苏、湖北一带。燃烧时，火焰高的叫饭炭，用来煮饭；火焰平的叫铁炭，用来冶炼。碎煤入炉前先用水浇湿，入炉后再鼓风才能烧红，以后只要不断添煤，便可继续燃烧。

mò tàn rú miàn zhě míng yuē zì lái fēng ní shuǐ tiáo chéng bǐng
末炭如面者，名曰自来风。泥水调成饼，
rù yú lú nèi jì zhuó zhī hòu yǔ míng méi xiāng tóng jīng zhòu yè
入于炉内。既灼之后，与明煤相同，经昼夜
bú miè bàn gōng chuī cuàn bàn gōng róng tóng huà shí shēng zhū
不灭。半供炊爨，半供熔铜、化石、升朱。

（《天工开物·燔石》）

大意

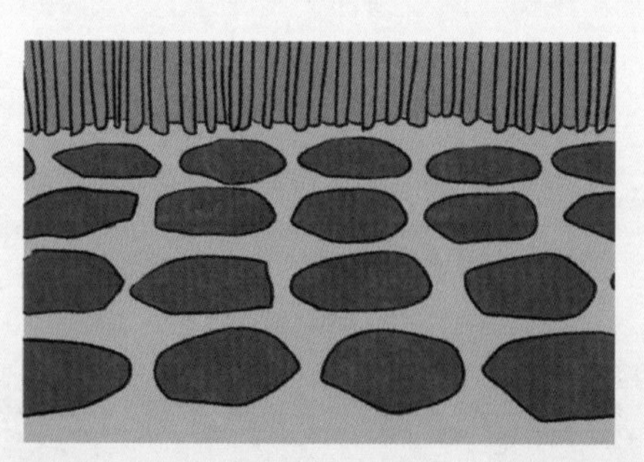

末煤是呈粉末状的，被称作自来风。把它用泥水调成饼状，放入炉内点燃，和明煤一样日夜燃烧不灭。末煤有的用来烧火做饭，有的用来炼铜、熔化矿石、升炼银朱。

开采煤炭

fán qǔ méi jīng lì jiǔ zhě cóng tǔ miàn néng biàn yǒu wú zhī sè
凡取煤经历久者，从土面能辨有无之色，
rán hòu jué wā shēn zhì wǔ zhàng xǔ fāng shǐ dé méi chū jiàn méi duān
然后掘挖。深至五丈许，方始得煤。初见煤端
shí dú qì zhuó rén yǒu jiāng jù zhú záo qù zhōng jié jiān ruì qí
时，毒气灼人。有将巨竹凿去中节，尖锐其
mò chā rù tàn zhōng qí dú yān cóng zhú zhōng tòu shàng rén cóng qí
末，插入炭中，其毒烟从竹中透上，人从其
xià shī jué shí qǔ zhě huò yì jǐng ér xià tàn zòng héng guǎng yǒu
下施䦆拾取者。或一井而下，炭纵横广有，
zé suí qí zuǒ yòu kuò qǔ qí shàng zhī bǎn yǐ fáng yā bēng ěr
则随其左右阔取。其上支板，以防压崩耳。

（《天工开物·燔石》）

大意

采煤经验丰富的人，从地表的土质情况就能判断底下是否有煤，然后往下挖到约五丈深才能挖到煤。煤层出现的时候，会有毒气冒出伤人。防范的方法是将大竹筒的中节凿通，削尖竹筒末端，插入煤层，毒气便通过竹筒往上空排出，人就可以下去用大锄挖煤了。有时井下煤层向四方延伸，可以横向打巷道挖取。巷道要用木板支护，以防崩塌伤人。

煤的形成过程

煤是地壳运动的产物，是远古时期的大量植物残骸经过复杂的化学作用后转变成的。一般认为，成煤过程分为泥炭化阶段和煤化阶段。

（1）泥炭化阶段。这一阶段是植物在沼泽、湖泊或浅海中不断繁殖，其遗骸在微生物参与下不断分解、化合和聚积的过程。

（2）煤化阶段。这一阶段包含两个连续的过程：

第一个过程，在地热和压力的作用下，泥炭层发生压实、失水、老化、硬结等变化而成为褐煤。褐煤的密度比泥炭大，在成分上也发生了显著的变化，碳含量相对增加，腐殖酸含量减少，氧含量也减少。

第二个过程，褐煤转变为烟煤和无烟煤。随着地壳继续下沉，褐煤的覆盖层也随之加厚。在地热和静压力的作用下，褐煤继续经受着物理化学变化而被压实、失水，其内部组成、结构和性质都进一步发生变化。

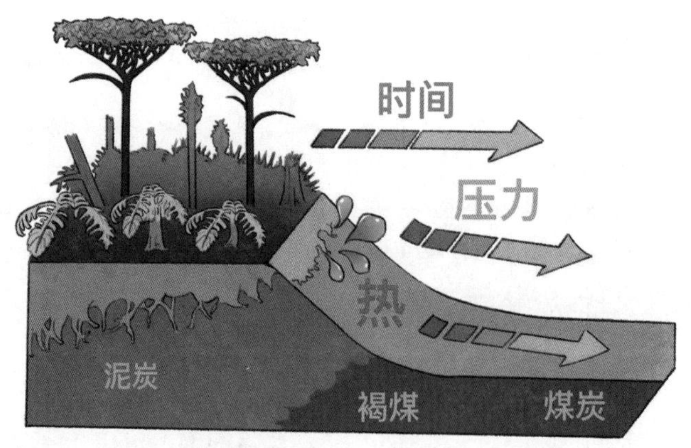

五金之长——黄金

开采金矿

fán huáng jīn wéi wǔ jīn zhī zhǎng róng huà chéng xíng zhī hòu zhù
凡黄金为五金之长。熔化成形之后，住

shì yǒng wú biàn gēng qí zhì suǒ yǐ guì yě
世永无变更，其质所以贵也。（《天工开物·五金》）

大意

黄金是五金（指金、银、铜、铁、锡）中最贵重的，一旦熔化成形，很难再发生变化，这是黄金贵重的原因。

qǔ zhě xué shān zhì shí yú zhàng jiàn bàn jīn shí jí kě jiàn jīn
取者穴山至十余丈，见伴金石，即可见金。

qí shí hè sè yì tóu rú huǒ shāo hēi zhuàng rù yě jiān liàn chū chū
其石褐色，一头如火烧黑状。入冶煎炼，初出

sè qiǎn huáng zài liàn ér hòu zhuǎn chì yě
色浅黄，再炼而后转赤也。（《天工开物·五金》）

大意

采掘黄金的人需开矿十多丈深，看到有伴金石出现，就可以找到金了。伴金石呈褐色，一端好像被火烧黑了似的。金在冶炼时，最初呈浅黄色，再炼就转化为赤色。

区分黄金的成色

fán jīn zhì zhì zhòng fán jīn xìng yòu róu kě qū zhé rú zhī liǔ
凡金质至重。凡金性又柔可屈折如枝柳。

qí gāo xià sè fēn qī qīng bā huáng jiǔ zǐ shí chì fán zú
其高下色，分七青、八黄、九紫、十赤。凡足
sè jīn chān huò wěi shòu zhě wéi yín kě rù yú wù
色金参（同“掺”）和伪售者，唯银可入，余物
wú wàng yān yù qù yín cún jīn zé jiāng qí jīn dǎ chéng báo piàn jiǎn
无望焉。欲去银存金，则将其金打成薄片剪
suì měi kuài yǐ tǔ ní guǒ tú rù gān guō zhōng péng shā róng huà
碎，每块以土泥裹涂，入坩埚中硼砂熔化，
qí yín jí xī rù tǔ nèi ràng jīn liú chū yǐ chéng zú sè
其银即吸入土内，让金流出，以成足色。

（《天工开物·五金》）

大意

黄金在金属中的比重是最重的。此外，黄金也很柔软，能像柳枝那样屈折。金的成色有高低：大概青色的含金七成，黄色的含金八成，紫色的含金九成，赤色的是纯金。纯金如果要掺别的金属作伪，只有银可以掺入，其他金属都不行。如果要去银而保留金，可以将掺银的金子打成薄片，剪碎，每块用泥土包裹住，放入坩埚，加入硼砂熔化，银被泥土吸收，金水顺流而成纯金。

shì jīn shí dà zhě rú dǒu xiǎo zhě rú quán rù é tāng zhōng
试金石，大者如斗，小者如拳，入鹅汤中
yì zhǔ guāng hēi rú qī dēng shì jīn shí shàng lì jiàn fēn míng
一煮，光黑如漆，登试金石上，立见分明。

（《天工开物·五金》）

大意

试金石大的像斗，小的像拳头，把它放进鹅汤里煮一下，就变得像漆一样又黑又亮。用黄金在上面划出条痕加以比色，就可以分辨出来黄金的成色。

非遗手工艺

古法制金工艺

（1）鎏（liú）金

鎏金工艺是将金和水银合成金汞（gǒng）剂，涂在铜器表面，然后加热使水银蒸发，金就附着在面上。

（2）花丝镶嵌

花丝镶嵌工艺是花丝和镶嵌两种制作技艺的结合。用金、银等为原料，采用掐、填、攒、焊、堆、垒、织、编等技法，将金属丝制成千姿百态的造型，并镶嵌不同种类的宝石。主要用于皇家饰品的制作。

（3）金银错

金银错工艺是在青铜器上做金银图案纹饰的技艺，主要用在各种器皿、车马器具及兵器等器物上作装饰，分为镶嵌法和涂画法两种。

（4）掐丝

掐丝工艺是景泰蓝制作中最关键的装饰工序。它是将金银或其他金属细丝，按照花纹掐成图案，粘焊在器物上。这种工艺不仅在宝石、金银饰上运用，也会在珐琅器上运用，如掐丝珐琅器等。

（5）錾（zàn）刻（錾花）

錾刻工艺是使用具有各种基本图形的錾子，通过锤击錾子，使金属表面呈现凹凸花纹图案的一种工艺。它使单一的金属表面产生多层次的立体效果。

（6）炸珠

炸珠工艺是将黄金溶液滴入温水中，形成大小不等的金珠，或者将等距的纯金剪成小线段，撒于木炭上，用火烧熔凝结成圆珠状。炸珠通常焊接在金、银器物上作装饰。

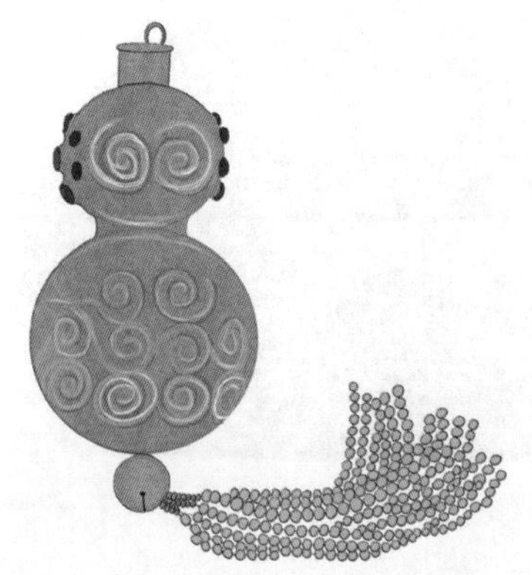

（7）累丝

累丝工艺是金属工艺中最精巧的。它是将金银拉成丝，再编成辫股或各种网状组织，焊接在器物上。

银是怎么炼出来的

开采银矿

凡银，中国八省所生，不敌云南之半，故开矿煎银，唯滇中可永行也。凡石山硐（同“洞”）中有矿砂，其上现磊然小石，微带褐色者，分丫成径路。采者穴土十丈或二十丈，工程不可日月计。寻见土内银苗（凡土内银苗，或有黄色碎石，或土隙石缝有乱丝形状），然后得礁砂所在。

（《天工开物·五金》）

大意

银矿在云南产量最多，中国八省（指浙江、福建、江西、湖南、贵州、河南、四川、甘肃等地都分布着优良的银矿）合起来的总产量也比不上云南的一半。所以开采银矿，在云南可以常办不衰。蕴藏在石山洞里的银矿，它的上面会出现一堆堆微带褐色的小石头，分成若干支脉。采矿的人要用很长时间，挖土一二十丈深，找到银苗（所谓银苗，有的掺杂着黄色碎石，有的在石缝中呈乱丝状）以后，才能知道银矿石的位置。

凡成银者曰礁，至碎者曰砂。其面分丫若枝形者曰铆，其外包环石块曰矿，矿石大者如斗，小者如拳，为弃置无用物。其礁砂形如煤炭，底衬石而不甚黑。（《天工开物·五金》）

大意

含银较多的成块矿石叫礁，细碎的叫砂，其中表面呈树枝状的矿脉叫铆（指辉银矿），铆外面包裹着的石块叫围岩，围岩大的像斗，小的像拳头，是没用的东西。银矿石形状像煤炭，由于底下垫着石头而显得不那么黑。

银的提炼

凡礁砂入炉，先行拣净淘洗。其炉，土筑巨墩，高五尺许，底铺瓷屑、炭灰。每炉受礁砂二石。用栗木炭二百斤，周遭丛架。靠炉砌砖墙一朵（同“垛”），高阔皆丈余。风箱安置墙背，合两三人力，带拽透管通风。炭尽之时，以长铁叉添入。风火力到，礁砂熔化成团。

（《天工开物·五金》）

大意

银矿石入炉冶炼之前，要先进行拣选、淘洗。炼银炉是用土筑成的，高约五尺，底铺瓷片、炭灰。每个炉子能容纳银矿石二石。用二百斤栗木炭在矿石周围叠架起来。靠近炉旁还要砌一道砖墙，高和宽各一丈多。风箱装在墙背，由两三个人拉，通过风管送风。等炉里的炭烧完时，用长铁叉添加。火力够了，炉里的矿石就会熔化成团。

cǐ shí yín yǐn qiān zhōng shàng wèi chū tuō lěng dìng qǔ chū
此时，银隐铅中，尚未出脱。冷定取出，
lìng rù fēn jīn lú nèi yòng sōng mù tàn zā wéi tòu yì mén yǐ biàn
另入分金炉内，用松木炭匝围，透一门以辨
huǒ sè qí lú huò shī fēng xiāng huò shǐ jiāo shà huǒ rè gōng dào
火色。其炉或施风箱，或使交箑。火热功到，
qiān chén xià wéi dǐ zi pín yǐ liǔ zhī cóng mén xì rù nèi rán zhào qiān
铅沉下为底子。频以柳枝从门隙入内燃照，铅

qì jìng jìn zé shì bǎo níng rán chéng xiàng yǐ
气净尽，则世宝凝然成象矣。

（《天工开物·五金》）

大意

但这时银还混在铅里尚未分离出来。要将其冷却后取出，放入分金炉里。用松木炭围住熔团，透过一个小门辨别火候。可以用风箱或扇子鼓风。达到一定温度后，熔团重新熔化，铅就沉到炉底了。要不断用柳枝从门缝中插进去燃烧，直到铅全部变成氧化铅，就可以提炼出纯银了。

精美的苗族银饰

苗族银饰据说已有千年历史，以其多样的品种、奇美的造型与精巧的工艺，向人们呈现了一个瑰丽多彩的艺术世界。

苗族银饰最基本的三个特征是以大为美、以重为美和以多为美。

以大为美：苗族大银角几乎能够达到佩戴者身高的一半。

以重为美：贵州施洞苗族妇女佩戴的圆轮形耳环、黎平苗族妇女佩戴的篓花银排圈，都是讲究越重越好。

以多为美：很多苗族地区，人们会佩戴银饰耳环三四只、项圈三四件。特别是贵州清水江流域的银衣，组合部件有数百件之多。

铜的冶炼和锻造

开采铜矿石

凡出铜山夹土带石，穴凿数丈得之，仍有矿包其外，矿状如姜石而有铜星，亦名铜璞，煎炼仍有铜流出，不似银矿之为弃物。

（《天工开物·五金》）

大意

产铜的山通常是夹土带石的，要挖几丈深才能得到包裹有围岩的铜砂。这种围岩的形状像姜石一样，表面有铜斑，这也叫铜璞。把它拿去冶炼，也能够提取出少量的铜，不像银矿那样完全是废物。

铜的冶炼

凡铜质有数种：有全体皆铜，不夹铅、银者，洪炉单炼而成。有与铅同体者，其煎炼炉法，傍（同“旁”）通高低二孔，铅质先化从上孔流出，铜质后化从下孔流出。（《天工开物·五金》）

大意

铜矿石有好几个品级：有的全部是铜，不夹杂铅和银，只要入炉

▲ 穴取铜铅

一炼就成了。有的却是和铅混在一起，冶炼方法是：在熔炉旁开高低两个孔，先熔化的铅从上孔流出，后熔化的铜则从下孔流出。

铜的锻造

fán tóng gōng shì yòng　chū shān yǔ chū lú zhǐ yǒu chì tóng　fán
凡铜供世用，出山与出炉止有赤铜。凡
hóng tóng shēng huáng ér hòu róng huà zào qì　fán huáng tóng　yuán cóng lú
红铜升黄而后熔化造器。凡黄铜，原从炉
gān shí shēng zhě　bú tuì huǒ xìng shòu chuí　cóng wō qiān shēng zhě　chū
甘石升者，不退火性受锤；从倭铅升者，出
lú tuì huǒ xìng　yǐ shòu lěng chuí
炉退火性，以受冷锤。

（《天工开物·五金》《天工开物·锤锻》）

大意

铜矿开采熔炼后得到的铜只有红铜一种。红铜要炼成黄铜再熔化以后，才容易制造器物。红铜加炉甘石炼成的黄铜，烧红后要趁热进行锤打；红铜加锌炼成的黄铜，烧红后要先退火，然后再进行冷锤。

凡响铜入锡参（同“掺”）和。成乐器者必圆成无焊。

（《天工开物·锤锻》）

大意

红铜加入锡可以炼成响铜。乐器一定要用完整的一块响铜锻成，不能由几块焊接而成。

凡锤乐器：锤钲（俗名锣），不事先铸，熔团即锤。锤镯（俗名铜鼓）与丁宁，则先铸成圆片，然后受锤。凡锤钲、镯，皆铺团于地面。巨者众共挥力，由小阔开，就身起弦，声俱从冷锤点发。其铜鼓中间突起隆泡，而后冷锤开声。

（《天工开物·锤锻》）

大意

关于乐器的锻造：钲（俗名叫锣），不用先铸形，是把铜熔成一团之后锤打而成的；镯（俗名铜鼓）和丁宁，则要先铸成圆片，然后锤打而成。不论是锤铜锣还是锤铜鼓，都要把铜块铺在地上锤打。大的还要众人合力锤打才行。工件由小逐渐阔开，会从冷锤的地方发出好像弦乐的声音。铜鼓中央要打出一个突起的圆泡，然后用冷锤敲定音色。

生活小科普

现代生活中的铜

铜是与人类关系非常密切的有色金属，被广泛地应用于电气、化工、机械制造、建筑工业、国防工业等领域。

铜在电气、电子工业中应用最广、用量最大，用于制造各种电缆和导线，电机和变压器，开关以及线路板等。

铜在化学工业中广泛应用于制造真空器、蒸馏锅、酿造锅等。

铜在机械和运输车辆制造中，用于制造阀门、仪表、轴承、模具、热交换器和泵等。

铜在建筑工业中用于制造各种管道、管道配件、装饰器件等。

铜在国防工业中用于制造子弹、炮弹、枪炮零件等。

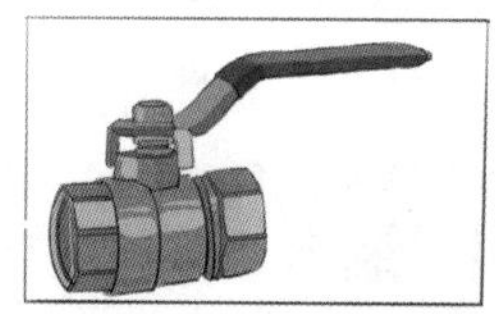
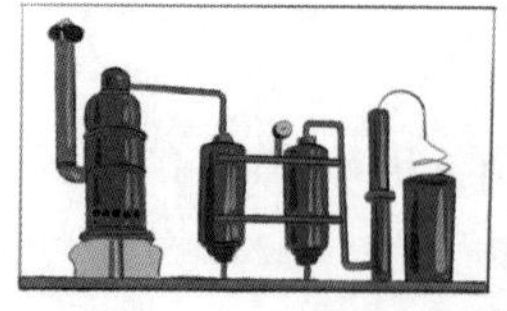
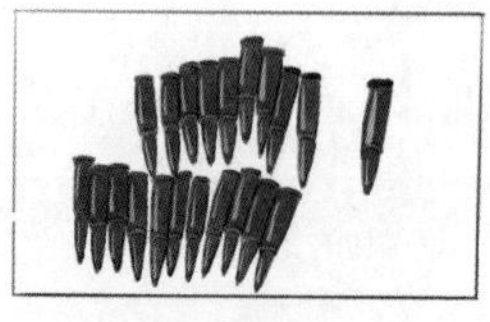
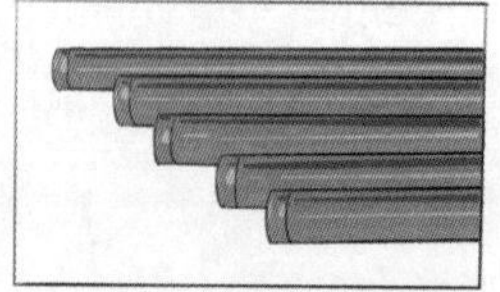

铁的冶炼和锻造

开采铁矿石

fán tiě chǎng suǒ zài yǒu zhī qí zhì qiǎn fú tǔ miàn bù shēng
凡铁场，所在有之。其质浅浮土面，不生
shēn xué zhì yǒu tǔ dìng suì shā shù zhǒng fán tǔ dìng tiě tǔ miàn
深穴。质有土锭、碎砂数种。凡土锭铁，土面
fú chū hēi kuài xíng sì chèng chuí yáo wàng wǎn rán rú tiě niān zhī
浮出黑块，形似秤锤。遥望宛然如铁，拈之
zé suì tǔ ruò qǐ yě jiān liàn fú zhě shí zhī yòu chéng yǔ shī zhī
则碎土。若起冶煎炼，浮者拾之，又乘雨湿之
hòu niú gēng qǐ tǔ shí qí shù cùn tǔ nèi zhě
后牛耕起土，拾其数寸土内者。（《天工开物·五金》）

大意

铁矿到处都有，都是埋藏在地面较浅的土层而不是深埋在洞穴里。铁矿石有土块状的土锭铁和碎砂状的砂铁等几种。土锭铁呈黑色，露在泥土上面，形状像秤锤，从远处看像一块铁，但用手一捏却成了碎土。如果要冶炼，就要把露在泥土上的铁矿石拾起来，或趁着下雨地湿，用牛犁土，把埋在几寸深的铁矿石拣起来。

▶ 垦土拾锭

fán shā tiě　yì pāo tǔ mó
凡砂铁，一抛土膜，
jí xiàn qí xíng　qǔ lái táo xǐ　rù lú
即现其形，取来淘洗，入炉
jiān liàn　róng huà zhī hòu　yǔ dìng tiě
煎炼，熔化之后，与锭铁
wú èr yě
无二也。（《天工开物·五金》）

▲ 淘洗铁砂

大意

一挖开表土层就可以找到砂铁，把它取出来淘洗，再入炉冶炼。砂铁熔化之后，与土锭铁品质是一样的。

生铁和熟铁

fán tiě fēn shēng　shú　chū lú wèi chǎo zé shēng　jì chǎo zé
凡铁分生、熟：出炉未炒则生，既炒则
shú　shēng shú xiāng hé　liàn chéng zé gāng
熟。生熟相和，炼成则钢。（《天工开物·五金》）

大意

铁分为生铁和熟铁：已经出炉还没炒过的是生铁，炒过后便成了熟铁。把生铁和熟铁混合熔炼后就变成了钢。

fán tiě lú　yòng yán zuò zào　huó ní qì chéng　qí lú duō bàng
凡铁炉，用盐做造，和泥砌成。其炉多傍
shān xué wéi zhī　huò yòng jù mù kuāng wéi　fán tiě yì lú zài tǔ èr
山穴为之，或用巨木匡围。凡铁一炉载土二

qiān yú jīn　tǔ huà chéng tiě zhī hòu　cóng lú yāo kǒng liú chū　lú
千余斤。土化成铁之后，从炉腰孔流出。炉
kǒng xiān yòng ní sāi　fán zào shēng tiě wéi yě zhù yòng zhě　jiù cǐ liú
孔先用泥塞。凡造生铁为冶铸用者，就此流
chéng cháng tiáo　yuán kuài fàn nèi qǔ yòng　ruò zào shú tiě　zé shēng tiě
成长条、圆块范内取用。若造熟铁，则生铁
liú chū shí　xiāng lián shù chǐ nèi　dī xià shù cùn　zhù yì fāng táng
流出时，相连数尺内，低下数寸，筑一方塘，
duǎn qiáng dǐ zhī　qí tiě liú rù táng nèi　shù rén zhí chí liǔ mù gùn
短墙抵之。其铁流入塘内，数人执持柳木棍
pái lì qiáng shàng　xiān yǐ wū cháo ní shài gān　chōng shāi xì luó rú miàn
排立墙上。先以污潮泥晒干，舂筛细罗如面，
yì rén jí shǒu sǎ rān　zhòng rén liǔ gùn jí jiǎo　jí shí chǎo chéng shú
一人疾手撒挽，众人柳棍疾搅，即时炒成熟
tiě
铁。

（《天工开物·五金》）

大意

炼铁炉是用掺盐的泥土砌成的。这种炉大多是傍着山洞砌成的，也有用大根木头围成的。一座炼铁炉可以装铁矿两千多斤。当矿土化

成铁水后要从炉腰的孔中流出，这个孔要事先用泥塞住。如果炼造供铸造用的生铁，就让铁水注入条形或圆形的铸模里。如果炼造熟铁，就在离炉子几尺远并低几寸的地方筑一口方塘，四周砌上矮墙，让铁水流入塘内。几个人拿着柳木棍，站在矮墙上，一个人迅速把事先用污潮泥晒干后做成的细泥粉撒在铁水上面，另外几个人用柳棍猛烈搅拌，这样很快就炒成熟铁了。

百炼成钢

fán gāng tiě liàn fǎ yòng shú tiě dǎ chéng báo piàn rú zhǐ tóu
凡钢铁炼法，用熟铁打成薄片，如指头

kuò cháng cùn bàn xǔ yǐ tiě piàn shù bāo jiān jǐn shēng tiě ān zhì qí
阔，长寸半许，以铁片束包尖紧，生铁安置其

shàng yòu yòng pò cǎo lǚ gài qí shàng ní tú qí dǐ xià hóng lú gǔ
上，又用破草履盖其上，泥涂其底下。洪炉鼓

bài huǒ lì dào shí shēng gāng xiān huà shèn lín shú tiě zhī zhōng liǎng
鞴，火力到时，生钢先化，渗淋熟铁之中，两

qíng tóu hé qǔ chū jiā chuí zài liàn zài chuí bù yī ér zú sú
情投合。取出加锤，再炼再锤，不一而足。俗

míng tuán gāng yì yuē guàn gāng zhě shì yě
名团钢，亦曰灌钢者是也。（《天工开物·五金》）

大意

炼钢的方法是：先把熟铁打成指头宽的薄片，约半寸长，然后用铁片把薄片包扎紧，将生铁放在它的上面，再盖上破草鞋，薄片底下还要涂上泥浆。然后放进炉子里鼓风熔炼，达到一定温度后，生铁先熔化而渗到熟铁里，两者相互融合。取出来后进行锤打，再熔炼再锤打，反复进行多次。这样锤炼出来的钢，俗名叫团钢，也叫作灌钢。

fán shú tiě gāng tiě yǐ jīng lú chuí shuǐ huǒ wèi jì qí zhì
凡熟铁、钢铁已经炉锤，水火未济，其质
wèi jiān chéng qí chū huǒ zhī shí rù qīng shuǐ cuì zhī míng yuē jiàn
未坚。乘其出火之时，入清水淬之，名曰健
gāng jiàn tiě yán hū wèi jiàn zhī shí wéi gāng wéi tiě ruò xìng yóu
钢、健铁。言乎未健之时，为钢为铁弱性犹
cún yě
存也。

（《天工开物·锤锻》）

大意

熟铁或钢铁烧红锤锻之后，没有经过水火相互作用，质地还不坚韧。要趁出炉时把它放进清水里淬火，叫作健钢、健铁。这就是说钢、铁在未“健”之前还有软弱的性质。

生活小科普

不锈钢的特性

不锈钢在我们生活中十分常见，下面我们就来了解一下不锈钢的几种特性：

（1）焊接性。不锈钢原料焊接性能好，可制作成保温杯、钢管、热水器等。

（2）耐腐蚀性。不锈钢耐腐蚀性能好，适用于餐具、厨具、热水器、饮水机等。

（3）抛光性。不锈钢制品在生产时一般都经过抛光这一道工序，只有少数制品如热水器、饮水机内胆等没有必要抛光，这就要求原料的抛光性能要好。

（4）耐热性。在高温下不锈钢仍能不变形。

钟鼎的铸造方法

禹铸九鼎

fán zhù dǐng táng yú yǐ qián bù kě kǎo wéi yǔ zhù jiǔ dǐng
凡铸鼎，唐虞以前不可考。唯禹铸九鼎，
zé yīn jiǔ zhōu gòng fù rǎng zé yǐ chéng rù gòng fāng wù suì lì yǐ dìng
则因九州贡赋壤则已成，入贡方物岁例已定，
shū jùn hé dào yǐ tōng yǔ gòng yè yǐ chéng shū kǒng hòu shì rén
疏浚河道已通，《禹贡》业已成书。恐后世人
jūn zēng fù zhòng liǎn hòu dài hóu guó mào gòng qí yín hòu rì zhì shuǐ
君增赋重敛，后代侯国冒贡奇淫，后日治水
zhī rén bù yóu qí dào gù zhù zhī yú dǐng bù rú shū jí zhī yì qù
之人不由其道，故铸之于鼎。不如书籍之易去，
shǐ yǒu suǒ zūn shǒu bù kě yí yì cǐ jiǔ dǐng suǒ wèi zhù yě cǐ
使有所遵守，不可移易。此九鼎所为铸也。此
dǐng rù qín shǐ wáng ér chūn qiū shí gào dà dǐng jǔ èr fāng dǐng jiē
鼎入秦始亡。而春秋时郜大鼎、莒二方鼎，皆
qí liè guó zì zào
其列国自造。

（《天工开物·冶铸》）

大意

关于铸鼎的记载，尧舜以前已无法考证了。只有夏禹铸造九鼎，那是因为当时九州缴纳赋税的条例已经制定，各地每年进贡物产的品种已经有了具体规定，河道已经疏通，《禹贡》这本书已经写成。为了防止后世的帝王增赋重敛，各地诸侯随意更改贡品，治水的人不再遵循原来的一套办法，于是把这一切都铸在鼎上。这样就不会像书籍那样容易丢失，使后人按规定行事，不能随意更改。这就是禹铸造九鼎的目的。上面说的这些鼎到了秦朝就绝迹了。而春秋时郜国的大鼎和莒国的两个方鼎，都是诸侯国自己铸造的。

钟鼎的铸造

凡造万钧钟与铸鼎法同，堀坑深丈几尺，燥筑其中如房舍。埏泥作模骨，其模骨用石灰三和土筑，不使有丝毫隙坼。干燥之后，以牛油、黄蜡附其上数寸。油蜡墁定，然后雕镂书文、物象，丝发成就。然后，舂筛绝细土与炭末为泥，涂墁以渐而加厚至数寸，使其内外透体干坚，外施火力炙化其中油蜡，从口上孔隙熔流净尽，则其中空处即钟、鼎托体之区也。其上高蔽抵晴雨。夏月不可

为，油不冻结。（《天工开物·冶铸》）

大意

铸造万钧重的大钟和铸鼎的方法相同。要挖一丈多深的地坑，坑内保持干燥，筑成房舍一样。钟的内模是用石灰、细砂和黏土调成的三合土塑造的，不能有一丝裂缝。内模干燥后，用牛油加黄蜡涂附上面，约有几寸厚。油蜡层用墁刀平整后，就可以在上面精雕细刻文字和图案。再用舂碎、筛选过的极细泥粉和炭末，调成糊状，逐层涂铺在油蜡上约几寸厚，这就是外模。等到外模干透坚固后，用慢火在外烤炙，使里面的油蜡熔化后从模型的开口流尽，内外模之间会形成空腔，这就是铸钟成形的区域了。在钟模上方要搭一个高棚防止日晒雨淋。夏天不能做模子，因为油蜡不能凝固。

中既空净，则议熔铜。凡火铜至万钧，非手足所能驱使。四面筑炉，四面泥作槽道，其道上口承接炉中，下口斜低以就钟、鼎入铜孔，槽傍（同“旁”）一齐红炭炽围。洪炉熔化时，决开槽梗。一齐如水横流，从槽道中枧注而下，钟、鼎成矣。（《天工开物·冶铸》）

大意

接下来一步是熔铜，要熔化的铜有万钧重（一钧等于三十斤），就不能简单靠人力来完成了。需要在钟模的周围修筑好多个熔炉和泥槽，槽道的上端与炉的出水口连接，下端倾斜接到模的浇口上，槽道两旁用炭火围起来。当所有熔炉的铜都已经熔化时，就打开出水口的塞子。铜就像水流那样沿着泥槽一齐注入模内，钟、鼎便铸成了。

ruò qiān jīn yǐ nèi zhě zé bù xū rú cǐ láo fèi dàn duō niē
若千斤以内者，则不须如此劳费，但多捏
shí shù guō lú lú xíng rú jī tiě tiáo zuò gǔ fù ní zuò jiù
十数锅炉。炉形如箕，铁条作骨，附泥做就。
qí xià xiān yǐ tiě piàn quān tǒng zhí tòu zuò liǎng kǒng yǐ shòu gàng chuān
其下先以铁片圈筒直透作两孔，以受杠穿。
qí lú diàn yú tǔ dūn zhī shàng gè lú yì qí gǔ bài róng huà huà hòu
其炉垫于土墩之上，各炉一齐鼓鞴熔化。化后，
yǐ liǎng gàng chuān lú xià qīng zhě liǎng rén zhòng zhě shù rén tái qǐ
以两杠穿炉下，轻者两人，重者数人抬起，

qīng zhù mó dǐ kǒng zhōng jiǎ lú jì qīng yǐ lú jí jì zhī bǐng lú
倾注模底孔中。甲炉既倾，乙炉疾继之，丙炉

yòu jí jì zhī qí zhōng zì rán nián hé
又疾继之，其中自然粘合。（《天工开物·冶铸》）

大意

如果铸造千斤以内的钟，就不用这么费力，只需要造十来个炉子就行了。这种炉像簸箕，用铁条作骨架，用泥塑成。炉体下部先用铁片卷成的两根圆筒穿透成两个孔道以便杠棒穿过。这些炉子都立在土墩上，所有炉子一齐鼓风熔铜。熔化后，用两根杠棒穿过炉底，由两个人或几个人一齐抬起炉子，把铜水倾注入模孔中，不同的炉子要连续倾注，这样模里的铜就会自然熔合。

至今无法复刻的永乐大钟

永乐大钟是中国现存最大的青铜钟。铸造于明永乐年间，清雍正十一年（1733）移置觉生寺（今大钟寺）。永乐大钟通体赭黄，通高6.75米，直径3.7米，重约46吨。钟体光洁，无一处裂缝，内外铸有经文约23万余字，是世界上铭文字数最多的一口大钟。

永乐大钟钟声悠扬悦耳，其声音最远可传四五十公里，余音可达两分钟之久。永乐大钟的悬挂钮靠一根与钟体相比显得很小的铜穿钉连接。别看穿钉很小，大钟却恰恰在它所能承受的四十多吨的剪应力范围之内。永乐大钟的铸造工艺高超，现代科技工作者曾对大钟的合金成分进行了测试，其中包括金、银等金属。金铸在铜器中，可防止锈蚀，银则可提高浇铸液的流动性，这正是永乐大钟历时五百多年保持完好、钟声依然洪亮悠扬的原因。

铁锅的铸造方法

铸模

凡釜，储水受火，日用司命系焉。铸用生铁或废铸铁器为质。其模内外为两层。先塑其内，俟久日干燥，合釜形分寸于上，然后塑外层盖模。

（《天工开物·冶铸》）

大意

锅用来储水做饭，日常生活中不可或缺。铸锅一般使用生铁或废弃的铸铁来作材料。铸锅模分内、外两层，铸锅的时候先塑造内模，等它干燥后，按锅的尺寸折算好后，再塑造外层盖模。

熔铁浇铸

模既成就干燥，然后泥捏冶炉，其中如釜，受生铁于中。其炉背透管通风，炉面捏嘴出铁。一炉所化约十釜、二十釜之料。铁化如水，以泥固纯铁柄杓（同“勺”）从嘴受注。一杓（同“勺”）约一釜之料，倾注模底孔内，不俟冷定，即揭开盖模，看视罅绽未周之处。

cǐ shí fǔ shēn shàng tōng hóng wèi hēi yǒu bú dào chù jí jiāo shǎo xǔ
此时釜身尚通红未黑，有不到处，即浇少许

yú shàng bǔ wán dǎ shī cǎo piàn àn píng ruò wú hén jì
于上补完，打湿草片按平，若无痕迹。

（《天工开物·冶铸》）

大意

模干燥后，就开始用泥捏造熔铁炉，炉膛像个锅，用来装生铁。炉背面接一条管通到风箱，炉的前面捏一个出铁嘴。每一炉所熔化的铁水，大约可铸十到二十口锅。生铁熔化成铁水后，用涂上泥的带柄铁勺从炉嘴接铁水。一勺铁水大约可浇铸一口锅。将铁水倾注到模内后，不必等它冷却下来就可以揭开外盖模，查看有无裂缝。这个时候，锅身还是通红的，如果发现有些地方铁水浇得不足，马上补浇少量铁水，并打湿草片按平，使不留下痕迹。

fán fǔ jì chéng hòu shì fǎ yǐ qīng zhàng qiāo zhī xiǎng shēng
凡釜既成后，试法以轻杖敲之，响声

rú mù zhě jiā shēng yǒu chā xiǎng zé tiě zhì wèi shú zhī gù tā rì yì
如木者佳，声有差响则铁质未熟之故，他日易

wéi sǔn huài
为损坏。

（《天工开物·冶铸》）

大意

锅铸成后，检验好坏的方法是用小木棒敲它，如果响声像敲硬木头那样沉实，就说明是好锅；如果有杂音，就说明铁质未熟，以后容易损坏。

现代生活中各种锅具的特点

铁锅一般不含其他化学物质，即使有铁物质溶出也有利于人体吸收。但铁锅易生锈，不宜盛放食物过夜。

符合国家标准的不粘锅不会对人体有害，但不粘锅干烧或者油温超过250℃时，锅上的涂层就可能受到破坏，使有毒物质融入食物。因此不建议使用不粘锅高温煎炸食物。

不锈钢并非完全不会生锈，若长期接触酸、碱类物质，也会起化学反应。因此，不锈钢锅不应长时间盛放盐、酱油、菜汤等。

砂锅适合煲汤，含金属比较少的紫砂锅更是砂锅中的精品，富含人体所需多种微量元素。

压力锅在使用过程中，要注意锅内食物不能装太满，垫圈发黄需立即更换，及时清理阀门堵塞。

铝锅的特性是热分布优良，且锅体较轻。但是长期食铝过多，对身体有害。铝锅不宜用于高温煎炒，也不能装强酸强碱的菜，如腌制食品等。

竹纸是怎样制作的

选取嫩竹浸泡

fán zào zhú zhǐ shì chū nán fāng ér mǐn shěng dú zhuān qí shèng
凡造竹纸，事出南方，而闽省独专其盛。

qí zhú yǐ jiāng shēng zhī yè zhě wéi shàng liào jié jiè máng zhòng zé
其竹以将生枝叶者为上料。节界芒种，则

dēng shān kǎn fá jié duàn wǔ qī chǐ cháng jiù yú běn shān kāi táng yì
登山砍伐。截断五七尺长，就于本山开塘一

kǒu zhù shuǐ qí zhōng piǎo jìn jìn zhì bǎi rì zhī wài jiā gōng chuí
口，注水其中漂浸。浸至百日之外，加功槌

xǐ xǐ qù cū ké yǔ qīng pí shì míng shā qīng
洗，洗去粗壳与青皮，是名杀青。

（《天工开物·杀青》）

大意

竹纸是南方制造的，福建产的最多。将要生长枝叶的嫩竹是造竹纸的上等材料。每年到芒种时节，人们便上山砍竹。把嫩竹截成五到

七尺一段，就地开一口山塘，灌水漂浸。漂浸竹子的时间需要一百天以上，然后把竹子取出，用木棒槌打，最后洗掉粗壳与青皮，这一道工序叫作杀青。

入锅蒸煮

qí zhōng zhú ráng xíng tóng zhù má yàng， yòng shàng hǎo shí huī huà zhī tú jiāng， rù héng tǒng xià zhǔ， huǒ yǐ bā rì bā yè wéi lǜ。

其中竹穰形同苎麻样，用上好石灰化汁涂浆，入楻桶下煮，火以八日八夜为率。

（《天工开物·杀青》）

大意

此时竹的纤维就像苎麻一样，再用优质石灰调成汁液混合，放入大木桶中开始煮，煮上八天八夜。

xiē huǒ yí rì jiē héng qǔ chū zhú má rù qīng shuǐ piǎo táng
歇火一日，揭楻取出竹麻，入清水漂塘
zhī nèi xǐ jìng xǐ jìng yòng chái huī jiāng guò zài rù fǔ zhōng qí
之内洗净。洗净，用柴灰浆过，再入釜中，其
shàng àn píng píng pū dào cǎo huī cùn xǔ tǒng nèi shuǐ gǔn fèi jí qǔ
上按平，平铺稻草灰寸许。桶内水滚沸，即取
chū bié tǒng zhī zhōng réng yǐ huī zhī lín xià tǎng shuǐ lěng shāo gǔn
出别桶之中，仍以灰汁淋下。倘水冷，烧滚
zài lín rú shì shí yú rì zì rán chòu làn qǔ chū rù jiù shòu
再淋。如是十余日，自然臭烂。取出入臼受
chōng chōng zhì xíng tóng ní miàn qīng rù cáo nèi
舂，舂至形同泥面，倾入槽内。（《天工开物·杀青》）

大意

停止加热一天后，揭开大木桶，取出竹料，将其放到装满清水的塘里漂洗干净。竹料洗干净后，用草木灰水浸透，再放入锅内按平，铺上一寸厚的稻草灰。煮沸之后，把竹料移入另一个桶中，继续用草木灰水淋洗。等草木灰水凉了，要煮沸再淋。这样经过十多天，竹料自然会糜烂发臭。把它拿出来放入臼内，舂成泥状，倒入抄纸槽内。

抄纸

fán chāo zhǐ cáo shàng hé fāng dǒu chǐ cùn kuò xiá cáo shì
凡抄纸槽，上合方斗，尺寸阔狭，槽视
lián lián shì zhǐ zhú má yǐ chéng cáo nèi qīng shuǐ jìn fú qí miàn
帘，帘视纸。竹麻已成，槽内清水浸浮其面
sān cùn xǔ rù zhǐ yào shuǐ zhī yú qí zhōng zé shuǐ gān zì chéng
三寸许。入纸药水汁于其中，则水干自成
jié bái
洁白。

（《天工开物·杀青》）

大意

抄纸槽的形状像个方斗，大小由抄纸帘来定，抄纸帘大小又由纸张大小来定。抄纸槽内放入清水，水面高出竹浆三寸左右，加入纸药水，这样抄成的纸干后很洁白。

fán chāo zhǐ lián yòng guā mó jué xì zhú sī biān chéng zhǎn juàn
凡抄纸帘，用刮磨绝细竹丝编成。展卷
zhāng kāi shí xià yǒu zòng héng jià kuāng liǎng shǒu chí lián rù shuǐ dàng
张开时，下有纵横架匡。两手持帘入水，荡
qǐ zhú má rù yú lián nèi
起竹麻，入于帘内。

（《天工开物·杀青》）

大意

抄纸帘是用刮磨得极细的竹丝编成的，展开时下面有木框托住。两只手拿着抄纸帘伸入水中，荡起竹浆，让它们进入抄纸帘中。

hòu báo yóu rén shǒu fǎ qīng dàng zé báo zhòng dàng zé hòu zhú
厚薄由人手法，轻荡则薄，重荡则厚。竹
liào fú lián zhī qǐng shuǐ cóng sì jì lín xià cáo nèi rán hòu fù lián
料浮帘之顷，水从四际淋下槽内。然后覆帘，
luò zhǐ yú bǎn shàng dié jī qiān wàn zhāng shù mǎn zé shàng yǐ bǎn
落纸于板上，叠积千万张。数满，则上以板
yā shāo shéng rù gùn rú zhà jiǔ fǎ shǐ shuǐ qì jìng jìn liú gān
压，捎绳入棍，如榨酒法，使水气净尽流干。
rán hòu yǐ qīng xì tóng niè zhú zhāng jiē qǐ bèi gān
然后，以轻细铜镊逐张揭起、焙干。

（《天工开物·杀青》）

大意

纸的厚薄由人的手法决定：轻轻地荡，纸就薄；重重地荡，纸就厚。当竹料浮在帘网时，拿起抄纸帘，水便从四面淋回抄纸槽，然后把帘网翻转，让纸落到木板上。等数目够了，就压上一块木板，捆上绳子并插进一根棍子绞紧，用榨酒的方法把水分压干。然后用小铜镊子把纸逐张揭起，再烘干。

烘纸

fán bèi zhǐ xiān yǐ tǔ zhuān qì chéng jiā xiàng xià yǐ zhuān gài
凡焙纸，先以土砖砌成夹巷，下以砖盖
xiàng dì miàn shù kuài yǐ wǎng jí kòng yì zhuān huǒ xīn cóng tóu xué
巷地面，数块以往，即空一砖。火薪从头穴
shāo fā huǒ qì cóng zhuān xì tòu xiàng wài zhuān jìn rè shī zhǐ zhú
烧发，火气从砖隙透巷，外砖尽热。湿纸逐
zhāng tiē shàng bèi gān jiē qǐ chéng zhì
张贴上焙干，揭起成帙。

（《天工开物·杀青》）

大意

烘纸时，先用土砖砌两堵墙形成夹巷，底下砌成火道，夹巷内的砖每隔几块就留一个空位。火在巷头的炉口燃烧，热气从留空的砖缝透出并充满整个巷道，外壁的砖就都热了。这时候就可以把湿纸逐张贴上去烘干，干后揭下来放成一叠。

蔡侯纸

造纸术是中国古代四大发明之一，发明于西汉时期，东汉的蔡伦进行了改进。蔡伦用树皮、麻布、渔网等原料，经过挫、捣、炒、烘等工艺制造成纸。这种纸，原料容易找到，又很便宜，质量也提高了，逐渐被普遍使用。为了纪念蔡伦的功绩，后人把这种纸叫作蔡侯纸。

皮纸是怎样制作的

什么是皮纸

fán pí zhǐ chǔ pí liù shí jīn réng rù jué nèn zhú má sì shí
凡皮纸，楮皮六十斤，仍入绝嫩竹麻四十
jīn tóng táng piǎo jìn tóng yòng shí huī jiāng tú rù fǔ zhǔ mí
斤，同塘漂浸，同用石灰浆涂，入釜煮糜。

（《天工开物·杀青》）

大意

制造皮纸，需用楮树皮六十斤和嫩竹麻四十斤，一起放在水塘里漂浸，然后涂上石灰浆，放入锅中煮烂。之后的步骤与用嫩竹造纸是一样的。

fán pí liào jiān gù zhǐ qí zòng wén chě duàn rú mián sī gù
凡皮料坚固纸，其纵文扯断如绵丝，故
yuē mián zhǐ héng duàn qiě fèi lì
曰绵纸，衡断且费力。

（《天工开物·杀青》）

大意

坚固的皮纸，沿着纵纹扯断就像丝绵一样，因此叫作绵纸。要把它横着扯断是很不容易的。

小皮纸

fú róng děng pí zào zhě tǒng yuē xiǎo pí zhǐ fán hú yǔ sǎn yǔ
芙蓉等皮造者，统曰小皮纸。凡糊雨伞与

yóu shàn jiē yòng xiǎo pí zhǐ yòu sāng pí zào zhě yuē sāng ráng zhǐ
油扇，皆用小皮纸。又桑皮造者曰桑穰纸，
jí qí dūn hòu dōng zhè suǒ chǎn sān wú shōu cán zhǒng zhě bì yòng zhī
极其敦厚。东浙所产，三吴收蚕种者必用之。

（《天工开物·杀青》）

大意

用木芙蓉等树皮造的纸统称为小皮纸。糊雨伞和油扇用的都是小皮纸。还有用桑树皮造的叫桑穰纸，纸质特别厚，浙江东部出产，江浙一带收蚕种都必须用到它。

薛涛笺

sì chuān xuē tāo jiān yì fú róng pí wéi liào zhǔ mí rù fú
四川薛涛笺，亦芙蓉皮为料煮糜，入芙
róng huā mò zhī huò dāng shí xuē tāo suǒ zhǐ suì liú míng zhì jīn qí
蓉花末汁。或当时薛涛所指，遂留名至今。其
měi zài sè bú zài zhì liào yě
美在色，不在质料也。

（《天工开物·杀青》）

大意

中国四川有一种薛涛笺，是用木芙蓉皮作原料，煮烂后加入芙蓉花的汁，做成彩色的小幅信纸。这种做法可能是当时薛涛个人提出来的，所以名字流传到今天。这种纸的优点是颜色好看，而不是它的质料好。

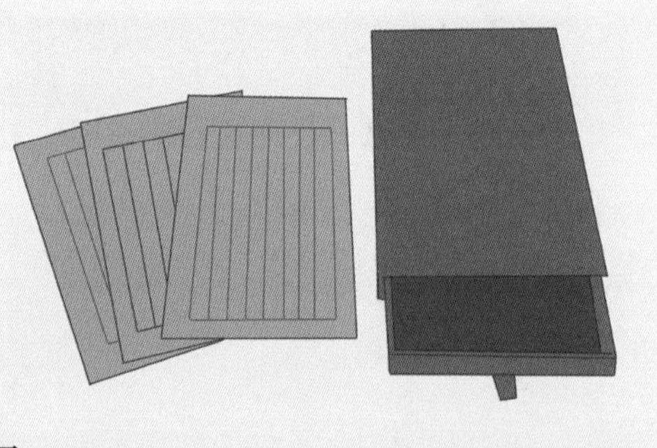

文房四宝知多少

文房四宝是中国独有的书法绘画工具，即笔、墨、纸、砚。

毛笔：浙江湖州生产的湖笔具有“尖、圆、健”的特点，是全国最著名的毛笔品种。

墨：墨是书写、绘画的色料。唐代制墨名匠奚超、奚廷圭父子制的墨受到南唐后主李煜的赏识，全家赐国姓“李氏”。从此“李墨”名满天下。宋时“李墨”的产地歙（shè）州改名徽州，所以“李墨”改名为“徽墨”。

纸：世界上纸的品种虽然以千万计，但宣纸仍然是供毛笔书画用的独特的手工纸。宣纸质地柔韧，洁白平滑，色泽耐久，吸水力强，在国际上享有“纸寿千年”的盛誉。

砚：俗称砚台，是中国书写、绘画研磨色料的工具。被人们称为“四大名砚”的有洮（táo）河砚、端砚、歙砚和澄泥砚。

珍珠的采集和品种

采集珍珠

fán zhēn zhū bì chǎn bàng fù nǎi wú zhì ér shēng zhì yìng yuè
凡珍珠必产蚌腹，乃无质而生质，映月
chéng tāi jīng nián zuì jiǔ nǎi wéi zhì bǎo
成胎，经年最久，乃为至宝。（《天工开物·珠玉》）

大意

珍珠是产在蚌里面的，蚌孕育珍珠是从无到有的过程，映着月光逐渐孕育成形，要经过很多年，才成为宝物。

dàn hù cǎi zhū měi suì bì yǐ sān yuè fán cǎi zhū bó qí
蜑户采珠，每岁必以三月。凡采珠舶，其
zhì shì tā zhōu héng kuò ér yuán duō zài cǎo jiàn yú shàng jīng guò shuǐ
制视他舟横阔而圆，多载草荐于上。经过水
xuán zé zhì jiàn tóu zhī zhōu nǎi wú yàng zhōu zhōng yǐ cháng shéng xì
漩，则掷荐投之，舟乃无恙。舟中以长绳系
mò rén yāo xié lán tóu shuǐ fán mò rén yǐ xī zào wān huán kōng
没人腰，携篮投水。凡没人，以锡造弯环空
guǎn qí běn quē chù duì yǎn mò rén kǒu bí lìng shū tòu hū xī yú
管，其本缺处，对掩没人口鼻，令舒透呼吸于
zhōng bié yǐ shú pí bāo luò ěr xiàng zhī jì jí shēn zhě zhì sì wǔ bǎi
中，别以熟皮包络耳项之际。极深者至四五百
chǐ shí bàng lán zhōng qì bī zé hàn shéng qí shàng jí tí yǐn shàng
尺，拾蚌篮中。气逼则撼绳，其上急提引上，
wú mìng zhě huò zàng yú fù fán mò rén chū shuǐ zhǔ rè cuì jí fù
无命者或葬鱼腹。凡没人出水，煮热毳急覆
zhī huǎn zé hán lì sǐ
之，缓则寒慄死。（《天工开物·珠玉》）

大意

水上居民会在每年三月间采珠。采珠船比其他船要宽而圆一些，并载有许多草垫。当遇到漩涡时，把草垫丢下去，破坏漩涡运动，船就能安全驶过。采珠人在船上先用一条长绳绑在腰上，然后提着篮子潜入水中。潜水前还要用锡做成弯形空管罩住口鼻，并把罩子的软皮带缠在耳项之间，以便呼吸。采珠人最深能潜到四五百尺，把蚌拾到篮子中。采珠人呼吸困难时就摇绳，船上的人便赶快把他拉上来。运气不好的人可能被鱼吃掉。采珠人出水后，要立即盖上煮热了的毛织物，慢了就会冻死。

sòng cháo lǐ zhāo tǎo shè fǎ yǐ tiě wéi bà zuì hòu mù zhù bān
宋朝李招讨设法以铁为耙，最后木柱扳

kǒu liǎng jiǎo zhuì shí yòng má shéng zuò dōu rú náng zhuàng shéng xì bó
口，两角坠石，用麻绳作兜如囊状，绳系舶

liǎng páng chéng fēng yáng fān ér dōu qǔ zhī
两傍（同“旁”），乘风扬帆而兜取之。

（《天工开物·珠玉》）

大意

宋朝有一位官员设计了一种采珠网兜：前面装有齿耙，底部横放木棍封住网口，两角坠石头沉底，四周围上像布袋子的麻绳网兜，牵绳绑在船的两侧，乘风扬帆来兜取珍珠贝。

珍珠的品种

fán zhū zài bàng　rú yù zài pú　chū bù shí qí guì jiàn　pōu
凡珠在蚌，如玉在璞。初不识其贵贱，剖
qǔ ér shí zhī
取而识之。　　　　　　　　　（《天工开物·珠玉》）

大意

珠在蚌内，就如同玉在璞中，刚开始分不出贵贱，剖取出来后才能分辨品质优劣。

zì wǔ fēn zhì yí cùn wǔ fēn jīng zhě wéi dà pǐn　xiǎo píng sì
自五分至一寸五分经者为大品。小平似
fù fǔ　yì biān guāng cǎi wēi sì dù jīn zhě　cǐ míng dāng zhū　qí
覆釜，一边光彩微似镀金者，此名珰珠，其
zhí yì kē qiān jīn yǐ　cì zé zǒu zhū　zhì píng dǐ pán zhōng　yuán
值一颗千金矣。次则走珠，置平底盘中，圆
zhuàn wú dìng xiē　jià yì yǔ dāng zhū xiāng fǎng　cì zé huá zhū　sè
转无定歇，价亦与珰珠相仿。次则滑珠，色
guāng ér xíng bú shèn yuán　cì zé luó kē zhū　cì guān yǔ zhū　cì
光而形不甚圆。次则螺蚵珠，次官雨珠，次
shuì zhū　cì cōng fú zhū　yòu zhū rú liáng sù　cháng zhū rú wān dòu
税珠，次葱符珠。幼珠如粱粟，常珠如豌豆。
pín ér suì zhě yuē jī
玭而碎者曰玑。　　　　　　　（《天工开物·珠玉》）

大意

珍珠周径从五分到一寸五分的就算大珠。珍珠里有一种大珠，不是很圆，像个倒放的锅，一边光彩略微像镀了金似的，名叫珰珠，

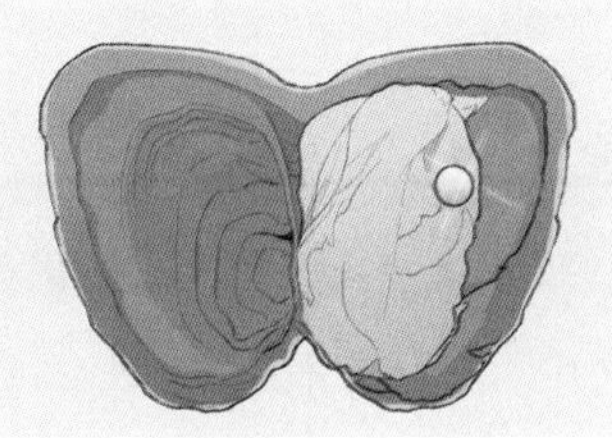

每一颗都价值千金。其次是走珠，把它放在平底盘里，会滚动不停，价值与珰珠差不多。再次是滑珠，色泽光亮，但不是很圆。再次的是螺蚵珠、官雨珠、税珠、葱符珠等。小粒的珠像小米粒儿，普通的珠像豌豆大小。破碎的珠叫玑。

珍珠是怎样形成的?

珍珠产在海水、湖水和江河中的蚌蛤（gé）之类的半塞动物体内。

当半塞动物受到外来异物刺激时就会分泌出珍珠质，把异物层层裹住，使其圆润，逐渐形成珍珠。这种以异物为核的珍珠称为有核珍珠。

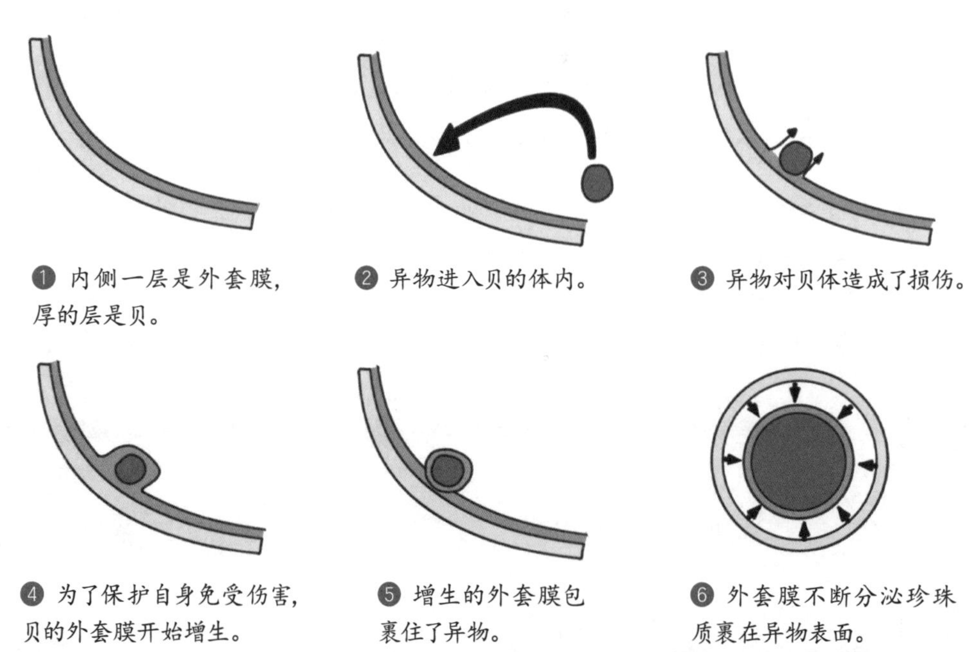

❶ 内侧一层是外套膜，厚的层是贝。
❷ 异物进入贝的体内。
❸ 异物对贝体造成了损伤。
❹ 为了保护自身免受伤害，贝的外套膜开始增生。
❺ 增生的外套膜包裹住了异物。
❻ 外套膜不断分泌珍珠质裹在异物表面。

还有一种是外套膜外表皮受到刺激后，一部分进行细胞分裂，而后发生分离，随即被自己分泌的有机物质包裹住，同时逐渐陷入外套膜结缔组织中，逐渐形成珍珠。因为没有异物为核，这种珍珠被称为无核珍珠。

宝石的采集和品种

采集宝石

fán bǎo shí jiē chū jǐng zhōng qí zhōng bǎo qì rú wù yīn yūn
凡宝石皆出井中。其中宝气如雾，氤氲
jǐng zhōng rén jiǔ shí qí qì duō zhì sǐ gù cǎi bǎo zhī rén huò jié
井中，人久食其气多致死。故采宝之人，或结
shí shù wéi qún rù jǐng zhě dé qí bàn ér jǐng shàng zhòng rén gòng dé
十数为群，入井者得其半，而井上众人共得
qí bàn yě xià jǐng rén yǐ cháng shéng xì yāo yāo dài chā kǒu dài liǎng
其半也。下井人以长绳系腰，腰带叉口袋两
tiáo jí quán jìn bǎo shí suí shǒu jí shí rù dài
条，及泉近宝石，随手疾拾入袋。

（《天工开物·珠玉》）

大意

宝石都产自矿井。井中有像雾一样的毒气，人吸久了会死亡。因此，采宝石的人常是十多个人合伙。下井的人分得一半宝石，井上的人共得另一半宝石。下井的人用长绳绑住腰，腰间系两个口袋，到井底发现有宝石赶快装入袋内。

yāo dài yí jù líng bǎo qì bī bù dé guò zé jí yáo qí líng
腰带一巨铃，宝气逼不得过，则急摇其铃，
jǐng shàng rén yǐn gēng tí shàng qí rén jí wú yàng rán yǐ hūn méng zhǐ
井上人引絙提上，其人即无恙，然已昏瞢。止
yǔ bái gǔn tāng rù kǒu jiě sàn sān rì zhī nèi bù dé jìn shí liáng rán
与白滚汤入口解散，三日之内不得进食粮，然
hòu tiáo lǐ píng fù
后调理平复。

（《天工开物·珠玉》）

大意

采宝人腰间系一个大铃铛，当毒气让自己受不了时，便急忙摇铃，井上的人就用粗绳把他拉上来。拉上来后，人即使没有生命危险，也已经昏迷不醒了。这时只能灌一些白开水，三天内不能吃东西，然后再加以调理康复。

宝石的品种

qí dài nèi shí dà zhě rú wǎn zhōng zhě rú quán xiǎo zhě rú
其袋内石，大者如碗，中者如拳，小者如
dòu zǒng bù xiǎo qí zhōng hé děng sè fù yǔ zhuó gōng lǜ cuò jiě kāi
豆，总不晓其中何等色。付与琢工鑢错解开，
rán hòu zhī qí wéi hé děng sè yě shǔ hóng huáng zhǒng lèi zhě wéi
然后知其为何等色也。属红、黄种类者，为

māo jīng mò hé yá xīng hàn shā hǔ pò mù nàn jiǔ huáng
猫精、靺羯芽、星汉砂、琥珀、木难、酒黄、
lǎ zǐ māo jīng huáng ér wēi dài hóng hǔ pò zuì guì zhě míng yuē yī
喇子。猫精黄而微带红。琥珀最贵者名曰瑿，
hóng ér wēi dài hēi rán zhòu jiàn zé hēi dēng guāng xià zé hóng shèn
红而微带黑，然昼见则黑，灯光下则红甚
yě mù nàn chún huáng sè lǎ zǐ chún hóng
也。木难纯黄色。喇子纯红。

（《天工开物·珠玉》）

大意

刚采出来的宝石，大的如碗，中的如拳，小的如豆，但不知道里面颜色是什么样的，交给琢工锉开后，才知道是什么样的宝石。属于红黄色的宝石有猫睛、靺羯芽、星汉砂、琥珀、木难、酒黄、喇子等。猫睛石黄色中稍带红。最贵的琥珀叫瑿，红色中稍微带黑，白天看起来是黑色的，在灯光下看起来却很红。木难是纯黄色。喇子是纯红色。

shǔ qīng lǜ zhǒng lèi zhě wéi sè sè zhū zǔ mǔ lǜ yā
属青、绿种类者，为瑟瑟珠、祖母绿、鸦
gǔ shí kōng qīng zhī lèi
鹘石、空青之类。

（《天工开物·珠玉》）

大意

属于蓝色和绿色的宝石有瑟瑟珠、祖母绿、鸦鹘石、空青等。

虫珀的形成过程

虫珀是一种透明度很高的琥珀，因内部含有昆虫而得名。

亿万年前，树干因受伤或者在高温作用下分泌一种树脂，而树脂在自然滴落的过程中偶然沾上了虫体，然后将虫体整个包裹在里面。

后来，在地壳运动作用下，这些树脂被埋在地下。受高温高压的影响，树脂逐渐发生石化作用。

随着时间的推移，这些树脂化石通过水流的搬运、冲刷后发生沉积，最终形成我们今天见到的虫珀。

玉石的采集和品种

采集玉石

yù pú bù cáng shēn tǔ yuán quán jùn jí jī yìng ér shēng rán
玉璞不藏深土，源泉峻急激映而生。然
qǔ zhě bù yú suǒ shēng chù yǐ jí tuān wú zhuó shǒu
取者不于所生处，以急湍无着手。

（《天工开物·珠玉》）

大意

玉矿石不藏在深土里，而是在靠近山间的急流中映照月光而生成的，但是采玉的人不是到急流中采，因为那里水太急无法下手。

sì qí xià yuè shuǐ zhǎng pú suí tuān liú xǐ huò bǎi lǐ huò
俟其夏月水涨，璞随湍流徙，或百里，或
èr sān bǎi lǐ qǔ zhī hé zhōng fán pú suí shuǐ liú réng cuò zá luàn
二三百里，取之河中。凡璞随水流，仍错杂乱
shí qiǎn liú zhī zhōng tí chū biàn rèn ér hòu zhī yě
石浅流之中，提出辨认而后知也。

（《天工开物·珠玉》）

大意

等到夏天水涨时，玉石被急流冲到一百里或二三百里远的河里，这时就可以去采集了。玉石随着河水流动，会夹杂河滩上的乱石，只有取出来辨认才能确定是不是玉。

玉的品种

fán pú cáng yù qí wài zhě yuē yù pí qǔ wéi yàn tuō zhī
凡璞藏玉，其外者曰玉皮，取为砚托之
lèi qí zhí wú jǐ pú zhōng zhī yù yǒu zòng héng chǐ yú wú xiá
类，其值无几。璞中之玉，有纵横尺余无瑕
diàn zhě gǔ zhě dì wáng qǔ yǐ wéi xǐ qí zòng héng wǔ liù cùn wú
玷者，古者帝王取以为玺。其纵横五六寸无
xiá zhě zhì yǐ wéi bēi jiǎ cǐ yǐ dāng shì zhòng bǎo yě
瑕者，治以为杯斝，此已当世重宝也。

（《天工开物·珠玉》）

大意

玉被璞包裹着，外皮叫玉皮，玉皮用来制作砚台和托座之类，不值钱。璞中的玉，有一尺多见方又没有瑕疵的，古代帝王用来做大印。五六寸见方又没有疵点的，会用来做酒器，这算是当世重宝了。

fán yù chū pōu shí yě tiě wéi yuán pán yǐ pén shuǐ chéng shā
凡玉初剖时，冶铁为圆盘，以盆水盛砂，
zú tà yuán pán shǐ zhuàn tiān shā pōu yù zhú hū huá duàn
足踏圆盘使转，添砂剖玉，逐忽划断。

（《天工开物·珠玉》）

大意

剖玉时，需要做一个铁圆盘，将水和砂放入盆内，一边用脚踏动踏板使圆盘转动，一边添砂剖玉，一点点把玉划割开。

兵器制作大揭秘

本章要为大家介绍的是中国古代的几种兵器。

火药应用到兵器上是一个历史的分界线。火药发明以前，我们把军队使用的兵器称作冷兵器。火药发明以后，出现了用火药制作的兵器，我们称作火器。

中国古代的兵器种类堪称世界之最，其中冷兵器占绝大多数，从刀、枪、剑、戟（jǐ）、斧、钺（yuè）、钩、叉等十八般兵器，到诸多种类的强弓硬弩，都展示了一定的先进性。中国军队是最早使用火器的军队。到了明代，火器发展到了鼎盛时期。明代军队普遍装备了火器，明朝还专门组建了“神机营”，这种独立炮兵建制在当时世界上首屈一指。

当作为中国四大发明之一的火药传到西方以后，西方利用火药制作的火器开始了疯狂扩张。鸦片战争以后，西方殖民者用坚船利炮打开了中国的大门，中国由此进入了半殖民地半封建社会。彼时清朝也开始引进西方的枪械并训练新兵，中国古代兵器历史就此结束。

下面我们要讲的内容取自《天工开物》的《佳兵》。“佳兵”一词出自《老子》第三十一章：“夫佳兵者，不祥之器。”唐代陆德明《经典释文》卷二十五把“佳”解释为“善”，认为佳兵指好兵器。宋应星沿用了陆德明的说法，把兵器称为佳兵。

弓箭的制作

弓

fán zào gōng yǐ zhú yǔ niú jiǎo wéi zhèng zhōng gàn zhì sāng zhī mù wéi liǎng shāo zhú yì tiáo ér jiǎo liǎng jiē sāng shāo zé qí mò kè qiè yǐ shòu xián kōu qí běn zé guàn chā jiē sǔn yú zhú yā ér guāng xuē yí miàn yǐ tiē jiǎo

凡造弓，以竹与牛角为正中干质，桑枝木为两弰。竹一条而角两接，桑弰则其末刻锲以受弦彄。其本则贯插接笋于竹丫，而光削一面以贴角。

（《天工开物·佳兵》）

大意

传统方法制造弓，要用竹片和牛角做正中的骨干，两头接上桑木。要用一整条竹片，牛角用两段接在一起。弓两头的桑木末端刻有缺口，使弓弦能够套紧。桑木和竹片以榫卯（sǔn mǎo，由两个构件上的凹凸部位结合形成，凸的部分为榫，凹的部分为卯）结构连接，竹片削光一面，贴上牛角来增加竹片的韧性。

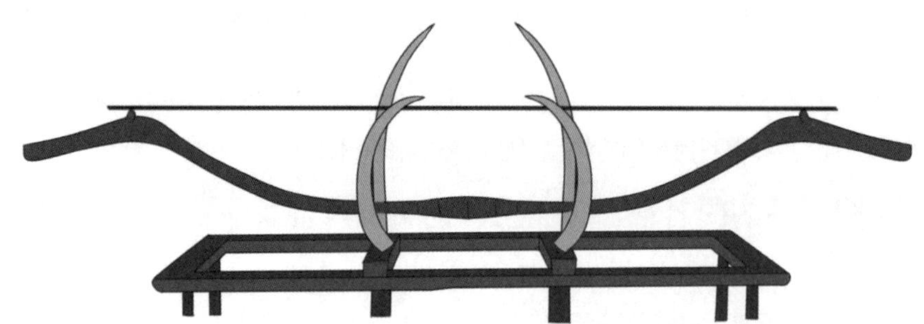

fán zào gōng xiān xuē zhú yí piàn zhōng yāo wēi yà xiǎo liǎng tóu chā dà yuē cháng èr chǐ xǔ yí miàn nián jiāo kào jiǎo yí miàn pū

凡造弓，先削竹一片，中腰微亚小，两头差大，约长二尺许。一面粘胶靠角，一面铺

zhì niú jīn yǔ jiāo ér gù zhī niú jiǎo dāng zhōng yá jiē gù yǐ jīn
置牛筋与胶而固之。牛角当中牙接，固以筋

jiāo jiāo wài gù yǐ huà pí míng yuē nuǎn bà
胶。胶外固以桦皮，名曰暖靶。

（《天工开物·佳兵》）

大意

动手造弓时，先削一根长约两尺的两头稍大中腰略小的竹片，一面用胶粘贴上牛角，一面用胶粘铺上牛筋加固弓身。两段牛角之间互相咬合，用牛筋和胶液固定。外面再粘上桦树皮加固，这叫作暖靶。

fán niú jǐ liáng měi zhī shēng jīn yì fāng tiáo zhòng yuē sān shí liǎng
凡牛脊梁每只生筋一方条，重约三十两。

shā qǔ shài gān fù jìn shuǐ zhōng xī pò rú zhù má sī hú lǔ wú
杀取晒干，复浸水中，析破如苎麻丝。胡虏无

cán sī gōng xián chù jiē jiū hé cǐ wù wéi zhī
蚕丝，弓弦处皆纠合此物为之。（《天工开物·佳兵》）

大意

牛脊骨内有一条长方形的筋，重约三十两。宰杀后取出晒干，再用水浸泡，可以撕成像苎麻丝一样的纤维。北方少数民族没有蚕丝，弓弦都是用牛筋制成的。

fán jiāo nǎi yú pāo zá cháng suǒ wéi
凡胶，乃鱼脬、杂肠所为。（《天工开物·佳兵》）

大意

粘贴用的胶是鱼鳔、杂肠熬制的。

初成坯后，安置室中梁阁上，地面勿离火意。促者旬日，多者两月，透干其津液，然后取下磨光，重加筋胶与漆，则其弓良甚。

（《天工开物·佳兵》）

大意

弓坯刚刚做好后，要放在屋梁高处，地面不断生火烘烧。短的十天，长的两个月，等胶干后，拿下来磨光，再次添加牛筋、胶和上漆，这样弓的质量就很好了。

凡造弓，视人力强弱为轻重。凡试弓力，以足踏弦就地，秤钩搭挂弓腰，弦满之时，推移秤锤所压，则知多少。

（《天工开物·佳兵》）

大意

造弓要按人的挽力大小来分轻重。测定弓力的方法是，用脚踩住弦，将称钩钩住弓的中点往上拉，弦满的时候，推移称锤称平，就可以知道弓力的大小。

箭

fán jiàn gǎn zhōng guó nán fāng zhú zhì běi fāng huán liǔ zhì běi
凡箭笴，中国南方竹质，北方萑柳质，北
lǔ huà zhì suí fāng bù yī fán zhú jiàn xuē zhú sì tiáo huò sān tiáo
虏桦质，随方不一。凡竹箭，削竹四条或三条，
yǐ jiāo nián hé guò dāo guāng xuē ér yuán chéng zhī qī sī chán yuē
以胶粘合，过刀光削而圆成之。漆丝缠约
liǎng tóu míng yuē sān bù qí jiàn gǎn liǔ yǔ huà gǎn zé qǔ
两头，名曰“三不齐”箭杆。柳与桦杆，则取
bǐ yuán zhí zhī tiáo ér wéi zhī wēi fèi guā xuē ér chéng yě mù gǎn
彼圆直枝条而为之，微费刮削而成也。木杆
zé zào shí bì qū xuē zào shí yǐ shù cùn zhī mù kè cáo yì tiáo
则燥时必曲，削造时以数寸之木，刻槽一条，
míng yuē jiàn duān jiāng mù gǎn zhú cùn jiá tuō ér guò qí shēn nǎi zhí
名曰箭端，将木杆逐寸戛拖而过，其身乃直。

（《天工开物·佳兵》）

大意

箭杆的用料各地不同，我国南方用竹，北方用蒲柳木，北方少数民族则用桦木。做竹箭时，削竹三四条，用胶黏合，再用刀削成圆截面，然后用漆丝缠紧两头，这叫作“三不齐”箭杆。柳木或桦木做的箭杆，只要选取圆直的枝条稍加削刮就可以了。木箭杆干燥后会变弯。矫正的方法是用一块几寸长的木头，上面刻一条槽，名叫“箭端”。将木杆嵌在槽里，一点点刮过去，杆身就会变直。

fán jiàn qí běn kè xián kǒu yǐ jià xián qí mò shòu zú fán
凡箭，其本刻衔口以驾弦，其末受镞。凡
zú yě tiě wéi zhī běi lǔ zhì rú táo yè qiāng jiān guǎng nán lí rén
镞，冶铁为之。北虏制如桃叶枪尖，广南黎人
shǐ zú rú píng miàn tiě chǎn zhōng guó zé sān léng zhuī xiàng yě
矢镞如平面铁铲，中国则三棱锥象也。

（《天工开物·佳兵》）

大意

箭杆的末端刻有一个小凹口，叫作衔口，以便扣在弦上，另一端安装箭头。箭头是用铁铸成的。箭头的形状有很多种，北方少数民族做的像桃叶枪尖，广东南部黎族人做的像平头铁铲，中原地区做的则是三棱锥形。

fán jiàn xíng duān xié yǔ jí màn qiào miào jiē xì běn duān líng yǔ
凡箭行端斜与疾慢，窍妙皆系本端翎羽
zhī shàng jiàn běn jìn xián chù jiǎn líng zhí tiē sān tiáo qí cháng sān
之上。箭本近衔处，剪翎直贴三条，其长三
cùn dǐng zú ān dùn nián yǐ jiāo míng yuē jiàn yǔ yǔ yǐ diāo bǎng
寸，鼎足安顿，粘以胶，名曰箭羽。羽以雕膀
wéi shàng jiǎo yīng cì zhī chī yào yòu cì zhī
为上，角鹰次之，鸱鹞又次之。（《天工开物·佳兵》）

大意

箭射出后，飞行的是正还是偏，快还是慢，关键在箭羽。在箭杆近衔口的地方，用胶粘上三条三寸长的翎羽，好像三足鼎立一样，这叫箭羽。箭羽所用的羽毛，以雕的翅毛最好，角鹰的其次，鹞鹰的更差一些。

各种各样的弩

弩的结构

fán nǔ wéi shǒu yíng bīng qì bú lì háng zhèn zhí zhě míng shēn
凡弩为守营兵器，不利行阵。直者名身，
héng zhě míng yì nǔ yá fā xián zhě míng jī miàn shàng wēi kè zhí cáo
衡者名翼，弩牙发弦者名机。面上微刻直槽
yì tiáo yǐ chéng jiàn nǔ xián yǐ zhù má wéi zhì chán rào yǐ é líng
一条以盛箭。弩弦以苎麻为质，缠绕以鹅翎，
tú yǐ huáng là
涂以黄蜡。

（《天工开物·佳兵》）

大意

弩是守营的兵器，不适合冲锋上阵。弩直的部分叫身，横的部分叫翼，扣弦发箭的开关叫机。弩面上刻一条直槽用来盛放箭。弩弦用苎麻绳做成，还要缠上鹅翎，涂上黄蜡。

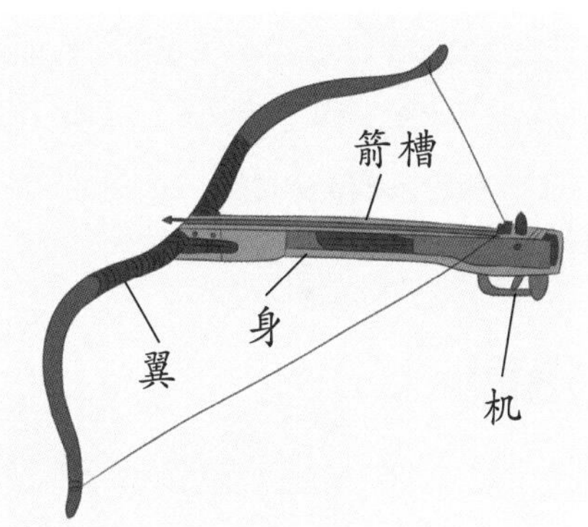

不同种类的弩

qí yì yǐ róu mù yì tiáo wéi zhě míng biǎn dàn nǔ lì zuì xióng
其翼以柔木一条为者名扁担弩，力最雄。

（《天工开物·佳兵》）

大意

有一种弩的弩翼只用一根柔木做成，叫扁担弩。这种弩射力最强。

huò yí mù zhī xià jiā yǐ zhú piàn dié chéng qí zhú yí piàn duǎn
或一木之下，加以竹片叠承，其竹一片短
yí piàn míng sān chēng nǔ huò wǔ chēng qī chēng ér zhǐ
一片，名三撑弩，或五撑、七撑而止。

（《天工开物·佳兵》）

大意

弩翼上面一根柔木，下面再用竹片挨次缩短叠撑的叫三撑弩、五撑弩或七撑弩。

guó cháo jūn qì zào shén bì nǔ kè dí nǔ jiē bìng fā èr
国朝军器造神臂弩、克敌弩，皆并发二
shǐ sān shǐ zhě
矢、三矢者。

（《天工开物·佳兵》）

大意

明朝作为军器的弩有神臂弩、克敌弩，都是同时射出两三支箭的。

yòu yǒu zhū gě nǔ qí shàng kè zhí cáo xiāng chéng hán shí shǐ
又有诸葛弩，其上刻直槽，相承函十矢，
qí yì qǔ zuì róu mù wéi zhī lìng ān jī mù suí shǒu bān xián ér shàng
其翼取最柔木为之。另安机木，随手扳弦而上，
fā qù yì shǐ cáo zhōng yòu luò xià yì shǐ zé yòu bān mù shàng xián
发去一矢，槽中又落下一矢，则又扳木上弦
ér fā
而发。

（《天工开物·佳兵》）

大意

还有一种诸葛弩，弩上直槽可装十支箭，可连续发射，弩翼用最柔韧的木做成。安装有木制弩机，随手扳机就可以上弦，发出一支箭，槽中又落下一支，又可以再扳机上弦发箭。

其山人射猛兽者，名曰窝弩，安顿交迹之衢，机傍（同“旁”）引线，俟兽过带发而射之。

（《天工开物·佳兵》）

大意

山区的人用来射杀猛兽的弩叫作窝弩，装在野兽出没的地方，拉上引线，等野兽走过时一碰到引线，箭就会自动射出。

超厉害的秦弩

秦弩是指秦代的弩。在秦军中，弩是一种重要的武器。弩的操作要比弓的操作简单，不用花费太多时间去训练就能被掌握。

秦弩的弩臂后部装有发射瞄准装置，这是一套用青铜铸造的精密组件。这种精密的设计极大提高了投射的可靠性，而且减少了发射时的震动，可以大幅提高射击命中率。另外，弩机各部零件大小全国统一标准，可以互换，已有初步标准化和通用化概念。

秦箭的镞是青铜材质，而且镞头一般都是三棱锥体，实战证明，三棱锥体的稳定性和穿透力都是最好的。

各种各样的火器

火药的配制方法

fán huǒ yào yǐ xiāo shí liú huáng wéi zhǔ cǎo mù huī wéi
凡火药，以消石、硫黄为主，草木灰为
fǔ
辅。

（《天工开物·佳兵》）

大意

火药成分以硝石和硫黄为主，草木灰为辅。

fán xiāo xìng zhǔ zhí zhí jī zhě xiāo jiǔ ér liú yī liú xìng zhǔ
凡消性主直，直击者消九而硫一；硫性主
héng bào jī zhě xiāo qī ér liú sān
横，爆击者消七而硫三。

（《天工开物·佳兵》）

大意

硝石纵向爆发力大，所以用于射击时，硝和硫的比例是9：1；硫黄横向爆发力大，所以用于爆破时，硝和硫的比例是7：3。

qí zuǒ shǐ zhī huī zé qīng yáng kū shān huà gēn ruò yè
其佐使之灰，则青杨、枯杉、桦根、箬叶、
shǔ kuí máo zhú gēn qié jiē zhī lèi shāo shǐ cún xìng ér qí zhōng
蜀葵、毛竹根、茄秸之类，烧使存性，而其中
ruò yè wéi zuì zào yě
箬叶为最燥也。

（《天工开物·佳兵》）

大意

作为辅助剂的灰可以用青杨、枯杉、桦树根、箬竹叶、蜀葵、毛竹根、茄秆之类，烧制成炭，其中以箬竹叶炭灰最为燥烈。

西洋炮

shú tóng zhù jiù　yuán xíng　ruò tóng gǔ　yǐn fàng shí　bàn lǐ
熟铜铸就，圆形，若铜鼓。引放时，半里
zhī nèi　rén mǎ shòu jīng sǐ
之内，人马受惊死。

（《天工开物·佳兵》）

大意

西洋炮是用熟铜铸成，圆形，像个铜鼓。放炮时，半里之内，人马都会被其威力吓到。

红夷炮

zhù tiě wéi zhī　shēn cháng zhàng xǔ　yòng yǐ shǒu chéng　zhōng
铸铁为之，身长丈许，用以守城。中
cáng tiě dàn bìng huǒ yào shù dǒu　fēi jī èr lǐ　yīng qí fēng zhě wéi
藏铁弹并火药数斗，飞激二里，膺其锋者为
jī fěn
齑粉。

（《天工开物·佳兵》）

大意

红夷炮是用铸铁制造的，身长一丈多，用来守城。炮膛里装有几斗铁丸和火药，射程二里，被击中的就成了碎粉。

佛郎机

shuǐ zhàn zhōu tóu yòng
水战舟头用。（《天工开物·佳兵》）

大意

佛郎机是在水战时装在船头使用的。

地雷

mái fú tǔ zhōng，zhú guǎn tōng yǐn，chòng tǔ qǐ jī，qí shēn cóng qí zhà liè
埋伏土中，竹管通引，冲土起击，其身从其炸裂。（《天工开物·佳兵》）

大意

地雷是埋藏在泥土中使用的，用竹管套护住引线，引爆时，地雷炸裂并冲开泥土，以起到杀伤的作用。

混江龙

qī gù pí náng guǒ pào chén yú shuǐ dǐ, àn shàng dài suǒ yǐn
漆固皮囊裹炮沉于水底，岸上带索引

jī. náng zhōng xuán diào huǒ shí、huǒ lián, suǒ jī yí dòng, qí zhōng
机。囊中悬吊火石、火镰，索机一动，其中

zì fā. dí zhōu xíng guò, yù zhī zé bài.
自发。敌舟行过，遇之则败。（《天工开物·佳兵》）

大意

混江龙是在水里使用的，要用漆密封，用皮囊包裹，沉入水底，岸上用一条引索控制。皮囊里挂有火石和火镰，一牵动引索，囊里自然会点火引爆。敌船如果碰到它就会被炸坏。

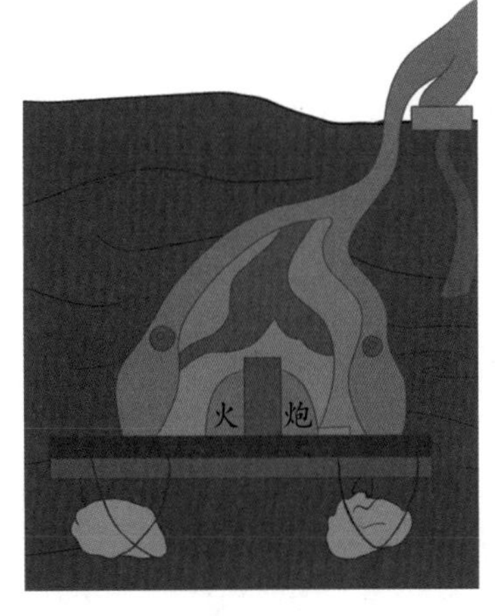

鸟铳

fán niǎo chòng cháng yuē sān chǐ, tiě guǎn zài yào, qiàn chéng mù
凡鸟铳长约三尺，铁管载药，嵌盛木

gùn zhī zhōng, yǐ biàn shǒu wò. qí běn jìn shēn chù, guǎn yì dà yú
棍之中，以便手握。其本近身处，管亦大于

mò, suǒ yǐ róng shòu huǒ yào. zuǒ shǒu wò chòng duì dí, yòu shǒu fā
末，所以容受火药。左手握铳对敌，右手发

tiě jī bī zhù huǒ yú xiāo shàng zé yì fā ér qù
铁机逼苎火于消上，则一发而去。

（《天工开物·佳兵》）

大意

鸟铳很像现在的长枪，它约有三尺长，装火药的铁枪管嵌在木托上以便于手握。在枪管靠近人身的这端较粗，用来装载火药。发射时左手握铳对着敌人，右手扣扳机让苎麻火点燃硝药，瞬间就能发射出去。

万人敌

fán wài jùn xiǎo yì chéng chéng què dí zé wàn rén dí jìn zhì suí
凡外郡小邑乘城却敌，则万人敌近制随

yí kě yòng qí fǎ yòng sù gān kōng zhōng ní tuán shàng liú xiǎo yǎn
宜可用。其法：用宿干空中泥团，上留小眼，

zhù shí xiāo huáng huǒ yào guàn yào ān xìn ér hòu wài yǐ mù jià kuāng
筑实消黄火药。贯药安信而后，外以木架匡

wéi dí gōng chéng shí rán zhuó yǐn xìn pāo zhì chéng xià huǒ
围。敌攻城时，燃灼引信，抛掷城下。火

lì chū téng bā miàn xuán zhuǎn xuán xiàng nèi shí zé chéng qiáng dǐ
力出腾，八面旋转。旋向内时，则城墙抵

zhù bù shāng wǒ bīng xuán xiàng wài shí zé dí rén mǎ jiē wú xìng
住，不伤我兵；旋向外时，则敌人马皆无幸。

（《天工开物·佳兵》）

大意

万人敌是一种守城的重要武器。它的制作方法是把配好的火药放入晾干的空心泥团里，插上引信，在外面框上木框。当敌人攻城的时候，把万人敌引信点燃投到城下。万人敌会不断射出火力，并且四方八面地旋转起来，当它旋向内时，由于有城墙挡住，不会伤到自己人；当它旋向外时，会造成敌方人马的伤亡。

附录

《天工开物》：中国十七世纪生产工艺百科全书

《天工开物》是世界上第一部关于农业和手工业生产的综合性著作，被称为中国十七世纪生产工艺百科全书。这本书详细而真实地记述了明代领先世界的科技成就，大力弘扬了“天人合一”思想和能工巧匠精神，是一本中华经典科技名著。

《天工开物》的作者宋应星（1587—约1666）是明末著名的科学家，江西奉新（今江西宜春）人。宋应星出生在一个没落的官僚地主家庭，曾祖父宋景是明弘治十八年（1505）的进士，从嘉靖年间开始任都察院左都御史等职，去世后被追赠太子少保、吏部尚书，谥号庄靖公；他的祖父宋承庆和父亲宋国霖都只是秀才，所以他的家境是逐渐从殷实变得贫寒的。到了宋应星这一辈人，有兄弟四人，大哥宋应昇，二哥宋应鼎，宋应星排行第三，还有四弟宋应晶。宋应星从小聪敏好学，他幼年时期和大哥宋应昇一起在叔祖开办的家塾读书。万历四十三年（1615），宋应星和大哥宋应昇一起去南昌参加乡试，他们一同考中举人。在众多考生中，宋应星名列第三，大哥宋应昇名列第六，当时被人们传为佳话，称作“奉新二宋”。自此以后，宋应星又参加了六次考试，但是都没有考中。到了崇祯七年（1634），宋应星任江西省袁州府分宜县学教谕。在分宜县任教的四年时间，是他一生的重要阶段，因为他的主要著作都是在这期间完成的。自崇祯十一年（1638）开始，宋应星开始了仕途生活，他升任福建汀州府推官；崇祯十三年（1640），任期满后辞官回到了家乡奉新；崇祯十六年（1643），他又出任南直隶凤阳府亳州知州；崇祯十七年（1644），他再次辞官回到家乡，这一年四月，清兵入关，建都北京。清朝建立以后，宋应星始终过着隐居的生活，直到去世。

在宋应星生活的明代末期已经出现了资本主义萌芽，在这样的环境下，生产力亟（jí）须提高，作为提高生产力的主要因素，科学技术也得到了很大发展。在当时经世致用的实学思潮推动下，涌现出一大批科技名著，如李时珍的《本草纲目》、徐光启的《农政全书》和徐霞客的《徐霞客游记》等等。宋应星希望通过撰写科技书籍为国家和百姓造福。他在大哥宋应昇和同窗好友涂伯聚的支持和帮助下，去了很多农庄和手工业作坊进行了参观考察，积累了大量的科学技术资料，并将其记录下来。宋应星将积累的资料分类归纳，编撰成册，终于出版了科技名著《天工开物》。

《天工开物》的书名出自《尚书·皋陶谟》“天工人其代之”和《周易·系辞上》“夫《易》，开物成务”，宋应星分别择取“天工”和“开物”两词，将二者巧妙融合成“天工开物”，其含义是巧模天工开创万物，也可以说是利用自然规律创造物质财富。

《天工开物》作为中国古代一部综合性的科学技术著作，是按照食、衣、住、行、用的大体顺序进行编写的。全书共十八卷，包括《乃粒》（五谷）、《乃服》（纺织）、《彰施》（染色）、《粹精》（粮食加工）、《作咸》（制盐）、《甘嗜》（制糖）、《陶埏》（陶瓷）、《冶铸》（铸造）、《舟车》（船车）、《锤锻》（锻造）、《燔石》（烧炼矿石）、《膏液》（油脂）、《杀青》（造纸）、《五金》（冶金）、《佳兵》（兵器）、《丹青》（朱墨）、《曲蘖》（酒曲）、《珠玉》（珠宝）。书中还绘有相应的插图，图文并茂地将中国十七世纪农业和手工业生产工艺和科技成就展现出来。这些生产工艺涉及的行业广泛，在当时取得的科技成就更是令人叹为观止。

在农业方面，详细地记述了五谷的精耕细作、蚕的养殖培育等，还记述了水碓等当时的先进技术。

在纺织方面，记述了纺织原料的来源和织造技术，介绍了当时的提花机、腰机等纺织工具，书中所讲述的提花机是当时世界上最先进的纺织工具。

在煤的开采方面，记述了竹筒排空瓦斯、巷道支护等当时的先进采煤技术，还根据煤的不同性状和用途，对其种类进行了科学的划分，把煤分成明煤、碎煤和末煤三种。

在钢铁生产方面，记述了我国独创的炼钢工艺，这种工艺是将铁矿先后炼成生铁和熟铁，再合炼成钢，这已经类似于半连续化的生产系统了。

在金属加工方面，记述了失蜡铸造和泥模铸造工艺。尤其记述了先进的群炉汇流和连续浇注大件法。

在武器方面，记述了多种当时的先进火器，如半自动爆炸水雷“混江龙”，还有边转边爆的守城武器“万人敌”等等。

除此之外，书中还记述了制作油、糖、盐、酒曲、纸、染料等许多当时的先进工艺。

《天工开物》除了记述上述知识，还体现出可贵的科学精神：

一是实事求是。宋应星在撰写《天工开物》之前，专门到农庄和手工作坊进行了观察学习，在积累了大量的资料后，才根据实际的情况开始撰写《天工开物》。

二是遵循客观规律。《天工开物》中记述的很多知识，都体现出做事要遵循事物发展的客观规律，不能拔苗助长。只有顺应自然，踏实认真地做事，才会真正有所收获。

三是发展创新。《天工开物》一书提出很多新的见解，这是宋应星在通过大量观察积累后，经过自己的思考，打破思维定式，大胆创新，提出的宝贵观点。

四是尊重劳动。宋应星在《天工开物》中对于具有工匠精神的劳动者使用了很多赞美之词。劳动是我们创造美好生活的基本前提，在中国历史上有无数的劳动者用他们的勤劳和智慧创造出了一个又一个奇迹。劳动者是最值得赞美的人。

《天工开物》一书是宋应星运用科学方法观察、记录、思考，并查阅文献资料加以考证，最终形成的。虽然书中许多当时先进的技术工艺在现在已经过时，但其展现的人与自然和谐共生的理念，是我们可持续发展的重要因素。我们通过阅读《天工开物》，可以学习能工巧匠的智慧，汲取传统文化思想精华，这正是《天工开物》传承至今的重要价值。